ツイッターの心理学

北村智・佐々木裕一・河井大介

情報環境と利用者行動

誠信書房

目　次

序章　ソーシャルメディア時代のオンライン世界　1

❶章　ツイッターとソーシャルメディア　17
　第一節　ツイッターの基本的仕組み　17
　第二節　ツイッターの特徴と利用目的　23
　第三節　海外と日本でのツイッター利用　27
　第四節　情報環境としてのツイッター　31
　第五節　ツイッターの「利用と満足」　34

❷章　ツイッター上のネットワーク　40
　第一節　情報ネットワークと対人交流ネットワーク　40
　第二節　フォローネットワークの構成とツイッター利用動機 (1)　42
　第三節　情報ニーズと対人交流ニーズのツイッター利用動機　51
　第四節　フォローネットワークの構成とツイッター利用動機 (2)　56
　第五節　フォロータイプとツイートの種類の関係　59
　第六節　ツイッター上のネットワークに関するまとめ　62

❸章　人びとの「つぶやき」のわけ
　　　――情報発信手段としてのツイッター　66
　第一節　オンラインでの情報発信動機　66
　第二節　ツイート内容の定量的把握　72
　第三節　「つぶやき」を生み出す感情　81
　第四節　「つぶやき」のコンサマトリー性とカタルシス性　83
　第五節　「つぶやき」の理由や意図　87

第六節　10代利用者の「つぶやき」の理由や意図　96
　　　第七節　「つぶやき」の理由や意図に関するまとめ　101

❹章　人びとの「リツイート」のわけ
——情報転送手段としてのツイッター　110
　　　第一節　「シェア」概念の変遷とリツイート研究　110
　　　第二節　公式リツイート（元ツイート）内容別投稿頻度　116
　　　第三節　公式リツイートを生み出す感情　117
　　　第四節　公式リツイートのコンサマトリー性　120
　　　第五節　公式リツイートの理由や意図　122
　　　第六節　10代利用者の公式リツイートの理由や意図　130
　　　第七節　公式リツイートの理由や意図に関するまとめ　135
　　　第八節　ツイッターにおける他者への期待、再考　139

❺章　人びとはツイッターで何を見ているのか
——情報受信手段としてのツイッター　143
　　　第一節　情報環境としてのツイッターと意見レベルの極化　143
　　　第二節　高選択メディア環境と内容（ジャンル）レベルの極化　145
　　　第三節　利用者が受信するツイートの内容　147
　　　第四節　何が読まれているのか　152
　　　第五節　誰が何を受信するのか　157
　　　第六節　マスメディア接触とツイッターでの情報受信　166
　　　第七節　まとめ　168

❻章　「つぶやき」とネットワークがもたらす情報過多　171
　　　第一節　情報過多をめぐって　172
　　　第二節　情報過多感とネットワークのサイズ／密度の関係　175
　　　第三節　利用者のツイート処理をめぐって　181

第四節　情報過多感による利用者のツイート処理方法の変化　185
　　第五節　ツイートを目にしてもらい、転送してもらうには　192

終章　ソーシャルメディア時代のオンライン世界の今後　197

文　献　207
あとがき　219

序章
ソーシャルメディア時代のオンライン世界

1 はじめに

　日本において「インターネット元年」と呼ばれた1995年から約20年が過ぎた。この間、日本におけるインターネットの普及状況も大きく変化した。インターネットの推定利用者数と人口普及率は、総務省の『情報通信白書』にもとづくと、1997年末（平成9年末）の1,155万人、9.2％から2014年末（平成26年末）の1億18万人、82.8％という増加をみせている（総務省，2002；総務省，2015）。日本においては2004年から2008年にかけて、『情報通信白書』の副題に「遍在する」という意味の形容詞である「ユビキタス（ubiquitous）」という語が活用されたが[1]、インターネットが普及する過程でインターネットはまさに遍在化したといっていいだろう。

　インターネットが日常生活の中に遍在化していく過程において、重要な役割を果たしたのが携帯電話を通じたインターネット利用である。1990年代末に第2世代携帯電話からインターネットへアクセスするサービスが始まり、NTTドコモが1999年にスタートしたサービス「i-mode」はその象徴的存在である。その後、第3世代携帯電話、第4世代携帯電話へとデータ通信の高速化が進む形で携帯電話の通信方式の世代交代が進んだ。このことは、移動体通信においてデータ通信が主要なものとなってきたことを示している。インターネットの端末は2014年末で「自宅のパソコン」が53.5％ともっとも多く、次いで多いのが「スマートフォン」の47.1％であった（総務省，2015）。現在「スマートフォン」と呼ばれている端末は20年前には使われていなかったものであり、インターネットにアクセスするためのデバイスも大きく変化した。

　インターネットの利用形態の変化やインターネットを支える技術の発展と共にインターネット上のサービスの入れ替わりは非常に激しい。例えば、米リンデンラボ社の提供するメタバースサービス「セカンドライフ」は2007年ごろ日

本でも大きな話題を呼んだが、いまや話題にのぼることはほとんどない[2]。また、ソーシャルネットワークサイト（social network site; SNS[3]）でも世界的にみればフェイスブック（Facebook）の流行以前にはマイスペース（MySpace）がメジャーなサービスであったし、日本においてはミクシィ（mixi）がSNSの象徴的存在であった。

しかし、インターネット利用における様々な変化があったとしても、インターネットの基本的特性は大きく変わっていない。インターネット前史ともいえるパソコン通信時代に指摘された、カスタマイズ可能性と発信可能性というオンラインコミュニケーション技術がもたらした二つの環境的変容（川上ほか, 1993）は、様々な変化を経てもなおインターネットの基本的特性として機能している。

2 情報環境としてのインターネット

情報環境としてのインターネットの特徴としてそのカスタマイズ可能性がしばしば指摘される。カスタマイズ可能性とは、利用者の需要やニーズに応じた情報環境の選択可能性をいう（池田・柴内, 1997）。このカスタマイズ可能性という視点は1980年代からの「ニューメディア」の流行とともに着眼されてきたものでもある。

かつて使われていた「ニューメディア」という言葉は、「インフラストラクチャーとして整備され、高度情報社会を支える、広い意味での情報通信システムに用いられるメディア」（川本, 1990）をいい、1980年代から90年代にかけて、喧伝されたものである。具体的には放送におけるCATVや通信におけるパソコン通信が含まれる。川本（1990）は「高度情報社会」における「高度化」の一つとしてサービスの多様化と多重化を指摘している。当時の多様なニューメディアの誕生は、多様な情報ニーズに応えるサービスの実現・実用化を期待させるものであった。

こうしたニューメディア論のなかに、パソコン通信が位置づけられる。日本におけるパソコン通信利用を社会心理学的な見地から研究した川上ら（1993）はパソコン通信の登場によるコミュニケーション環境の変容を「カスタマイズ」メディアと「発信できる」メディアの2点から整理している。これらの特

徴はもちろんパソコン通信に限られたものではなく、インターネットにも当てはまる。

　高いカスタマイズ可能性は、インターネットの柔軟な利用を可能にした。池田（2005, p.8）は「インターネットというメディアの多様性は、コミュニケーションの単位となる集団や社会をいかようにでも設計できるというところに生じる」と指摘している。インターネットを通じたコミュニケーションには、個人間の電子メールによる一対一のコミュニケーションから、ウェブサイトの更新による不特定多数向けのコミュニケーションまで含まれる。

　インターネットにおけるカスタマイズ可能性は「集団や社会の設計」のレベルに留まらない。インターネットによる情報環境のなかで中心的役割を果たしているWorld Wide Webは、1991年にティム・バーナーズ＝リーによって実装された。その3要素としてURI（Uniform Resource Identifier）とHTTP（HyperText Transfer Protocol）、HTML（HyperText Markup Language）が挙げられる。HTMLはウェブ上の文書を記述するためのマークアップ言語で、文書の装飾やタグの埋め込みを可能にする。これにより、文字だけでなく写真・画像、音声、動画といった様々な表現形式が用いられるようになった。こうした表現形式の多様性は、インターネットにその上でのコミュニケーション様式やサービスを「いかようにでも設計できる」可能性をもたらした。

　高いカスタマイズ可能性はもちろんインターネットの重要な特徴である。けれども、もう一つの特徴である発信可能性はどうだっただろうか。初期のインターネットにおける代表的な情報発信手段であったホームページの所有に関して、2003年時点の日本における全国調査ではインターネット利用者の65.4%が「持っておらず、今後作りたいとも思わない」と回答していた。その調査ではインターネット利用者の8.3%が個人ホームページを所有しているが、その半数強が「ほとんど更新していない」と回答していた。郵政省（1999）によれば1998年時点では日本のインターネット利用者の24.7%が個人ホームページを所有していると回答していた。そのデータと2003年のデータを比べると、インターネットを通じた情報発信は一時的かもしれないが、一般的なものではなくなっていた。

　その後、発信可能性はインターネットにおいて、「Web2.0」という一種の思想運動とともに重要なものとなった。Web2.0とは2000年代中頃にティム・

オライリーらによって提唱された概念である。Web2.0という言葉が流行した際、梅田（2006）は『ウェブ進化論』でWeb2.0を「ネット上の不特定多数の人々や企業を、受動的なサービス享受者ではなく能動的な表現者と認めて積極的に巻き込んでいくための技術やサービス開発姿勢」と述べた。こうした「Web2.0」という思想運動は、その後の「ソーシャルメディア」の流行の基盤となった（Kaplan & Haenlein, 2010）。「Web2.0」という言葉そのものは現在ではいささか古めかしいものとなったが、ウェブのあり方が形成されていくなかで重要な潮流であった。

「Web2.0」という思想運動の流れに位置づけられるサービスは多々あり、技術的志向性として存在していたのは、インターネットを通じた情報発信をより簡便な方向へと向かわせるものであった。つまり、Web2.0の特色として挙げられる「利用者参加」は、各サービス提供者がサービス利用者のサービス上での自主的な情報公開をより容易にさせることで達成されるものであった。例えば、ウェブログ（Weblog）作成サービスは、ホームページ運営に必要なサーバ管理やHTML作成などの技術的知識を持たない個人にもWWW上で情報発信を可能にし、ブロガー人口を増加させ、2006年3月末には日本国内に868万人ものブログ登録者が存在するにいたった（総務省, 2006）。

利用者が簡便に情報発信できる環境を提供するウェブサービスは「消費者生成型メディア（Consumer-Generated Media;CGM）」または「利用者生成型メディア（User-Generated Media;UGM）」と呼ばれた。こうしたサービスでは情報発信のためにアカウントの作成が求められたのは当然のことであったが、そこでの情報を受信するためだけでもアカウントの作成が促される動きが生じた。それによって達成されるのが次に述べる永続的個人化である。これは、カスタマイズ可能性と情報発信可能性の二つが相俟った形で生じた流れである。

3　永続的個人化の流れ

様々な利用者がそれぞれ思い思いの情報発信を行う利用者生成型メディアでは、そのサービスが人気になればなるほど、あふれるほど大量の情報が生成される。情報量の増大と情報の多様性の高まりは、インターネットの特徴としての高いカスタマイズ可能性の源泉となり、サービス内におけるカスタマイズの

管理手段として利用者のアカウントが用いられている。その結果、同じサービスでもアカウントごとに異なる内容が表示される。ツイッターはSNSの一種と捉えることができるが、SNSは基本的にこのような仕様をもっている。

　シェーファー（Schafer et al., 2001）によれば、利用者によって異なる内容が表示されることを「個人化（personalized）」という。まず、まったく個人化のなされていない非個人化の状態ではそのシステムの全利用者に対して、まったく同じ内容が表示される。それに対して、個人化がなされる場合にも一時的個人化と永続的個人化がある（Schafer et al., 2001）。一時的個人化とは利用者による入力内容に応じて、セッションごとに一時的に提示内容を変化させることをいう。この場合、同一入力であれば同一内容が表示される。一方、永続的個人化とは、そのシステムに対して同一入力を行った場合でも、その利用者が登録した情報やそれまでの利用履歴、そして自動的に取られている情報に応じて、異なる内容が提示されることである。利用者のアカウントごとに異なる内容が表示される仕組みは、この永続的個人化が行われる仕組みである。

　永続的個人化は利用者の意思決定による個人化と、機械処理による自動的個人化に大別される[4]。この両者は排他的なものではなく、併用される場合も少なくない。先に述べたように、SNSでは基本的にアカウントごとに異なる内容が表示されるようになっていて、その基本は永続的個人化のうち、利用者の決定によるものである。一般に利用者はSNSの中で人間関係のリストを作成する。こうしたリストは、利用者の意志によって作成されるものであり[5]、それにもとづいてコンテンツが画面上に表示されるからである。

　ところが、カスタマイズ可能性の高さは利用者の需要やニーズに対して適応的情報環境を提供しうる一方で、利用者に高負荷な情報処理を強いる。カスタマイズ可能性によってなぜ負荷が高まるのだろうか。高カスタマイズ可能性の源泉は選択肢の多さである。サービスの多様化や多重化は多様な情報ニーズに対して応える一方で自分の情報ニーズに合わせた選択を行わなければならないからである。

　インターネット上における情報量の増大は、利用者によるカスタマイズを困難なものにしつつある。Googleは、2008年7月25日のブログ記事"We knew the web was big…"と題する記事で、1兆を超すユニークなURLを見つけたと述べている。Googleは機械的に情報を扱うからこそ、こうした膨

大なデータを処理できている。人間がこのような膨大な量のウェブページの内容を確認することは困難である。一部分だけを読んで、大半は読まない。つまり人は何を読んで、何を読まないか、選択しなければならない。その選択は高い負荷を与える。

　こうした状況下で、機械処理による自動的な永続的個人化が様々なサービスで利用されるようになってきている。自動的処理は「推薦システム（Recommendation System）」という情報処理支援技術によるものである。推薦システムは流通データ量の増大によって生じる情報過多（information overload）という状況を打破するために考案された（神嶌，2007）。推薦システムの利用でよく知られるのが、Amazon などのショッピングサイトにおける商品推薦である。機械処理による永続的個人化は Google の検索システムにも導入されている（Pariser, 2011　井口訳，2012）。SNS でも Facebook が機械処理による情報提示を行っており、実験的操作も行われてきたことが知られている（Kramer et al., 2014）。

　現実には多くのサービスで利用者自身による設定と機械処理による自動的推薦によって、永続的個人化が実現されている。ただし、どちらにウェイトが置かれているかは、サービスによって異なる。かつての（本書の調査時点である2013～14年の）ツイッターは基本的に利用者自身による設定が中心であった。最近は、広告ツイートなどが紛れ込むようになった。ホーム画面における「おすすめユーザー（Who to follow）」などは機械処理による自動的推薦によるものであるし、アカウントを最初に作った時の推薦も機械処理によるものである[6]。

　永続的個人化がウェブにおけるトレンドとなっているのは、ウェブサービスにおける主な収益モデルとして広告モデルが利用されていることと関係が深い。メディア産業において広告モデルは19世紀前半には重要な収益モデルとなっているが（吉見，2004）、21世紀のウェブサービスにおいても重要性を維持している。例えば、Google の主な収益源も広告であり（Alphabet, 2016）、日本の広告費においてもインターネット広告は継続的に規模を拡大している（電通，2016）。ウェブサービスにおける広告の強みは個人化であり、それは行動ターゲティング広告と呼ばれる。行動ターゲティング広告はウェブにおける個別の履歴情報をもとに、その人が関心を持つであろう広告を予測して配信するという永続的個人化による仕組みであり、それに対する反応データが重要な役割を

果たすのである。

4　インターネットメディアの「境界線」の溶解

　カスタマイズ可能性と発信可能性がもたらした二つの環境的変容がインターネットの基本的特性として機能しつつも、一方でインターネット利用における様々な変化は、社会におけるインターネットを研究する視点に変化をもたらしてきている。インターネットへのアクセス端末の変化も大きいが、本書でまず着眼するのはメディアとしてのインターネットにおける「境界線」の溶解である。

　これまでメディアとしてのインターネットの社会的利用に関する研究のアプローチには大きく二つの流れがあった。その一つは対人コミュニケーションメディアとしてのインターネットである。この系統のアプローチとしては、手がかり濾過アプローチ（Joinson, 2003　三浦ら訳, 2004）や、これを批判した社会的情報処理モデル（Walther, 1992; Walther, 1996; Walther et al., 1994）やコミュニケーションの生起する社会的文脈を重視するSIDE（social identity explanation of de-individuation effects）モデルが含まれる。自己開示（self-disclosure）や自己呈示（self-presentation）に着眼した研究や、対人関係に対する負の影響で関心を呼び起こした「インターネットパラドクス」論（Kraut et al., 1998）も対人コミュニケーションメディアとしてのインターネットに着眼したものである。

　これらに対して、マスメディアとしてのインターネット（Morris & Ogan, 1996；辻, 1997）という捉え方で、インターネットにアプローチするメディア研究、マスコミュニケーション研究の流れもある。この系統では、インターネットによるマスメディアに対する機能的代替の観点がある（Kitamura, 2013）。具体的にはニュースメディアとしてのインターネットに着眼するもの（Li, 2006; Tewksbury & Rittenberg, 2012）や、購買の意思決定に関わる情報源としてのインターネットに着眼するもの（Klein & Ford, 2003; Loibl et al., 2009）がある。この文脈における大きな問いは、マスメディアを通じた情報接触とインターネットを通じた情報接触の差異と、インターネットを通じた情報接触の影響である（柴内, 2014）。

　しかし、現在ではこうした研究の流れを統合的に扱う必要性が高まっている。

すなわち、社会におけるインターネット利用のなかで、対人コミュニケーションとマスコミュニケーションの距離が近づいてきている。デジタル技術による情報化の流れにおいて、電信や電話といった遠隔的・対人的コミュニケーションメディアや従来のマスメディアの制度化された様態はもはや溶解してしまっている（水越, 2011）。

　従来、大まかな区分として、インターネット利用において双方向的コミュニケーションの典型として電子メール利用が想定され、一方向性の強いコミュニケーションの典型としてウェブ（World Wide Web）利用が想定されてきた（池田, 2005）。マスメディアとしてのインターネットには後者、つまり一方向性の強いコミュニケーションが行われやすいウェブが相当する。しかし、こうしたウェブの世界において、双方向的コミュニケーションの比重が高まりつつある。

　グーグル社で「グーグルプラス（Google+）」のサークル機能を設計し、その後、フェイスブック社に移籍したポール・アダムス（Adams, 2011　小林訳, 2012）は、コンテンツ中心型から人中心型へとウェブの構造変化が生じていると指摘する。この指摘自体は彼の立場を割り引いて考える必要があるが、現在のソーシャルメディア、SNSの流行を考えれば、重要な指摘である。もちろんすべてのウェブサイトが人中心型になるわけではないが、一般のウェブサイトに「いいね！（like!）」ボタンが設置されたり[7]、「ツイート（tweet）」ボタンが設置されたりする形で[8]、様々なウェブ上のコンテンツが人中心型の「ソーシャルウェブ」に組み込まれている。

　こうした事態はより巨視的なメディア論的視点からも重要である。前述のような対人コミュニケーションメディアとマスメディアという区分は、ある種、20世紀に社会的に形成されたメディアの区分と対応している。例えば、「ラジオ」に関わるコミュニケーションは、アマチュア無線家たちの双方向的コミュニケーション活動から、次第にマスコミュニケーションとしてのラジオ放送が社会的に確立されていった（水越, 1993）。「電話」は当初、現在のような対人コミュニケーションメディアとしての形が自明のものとされていたわけではなく、ハンガリーのテレフォンヒルモンドのような有線放送メディアとして活用された事例もあり、日本でも「有線放送電話」という形で活用された過去もある（吉見ほか, 1992）。20世紀の歴史のなかでも、メディアは社会的に制度化され、形成されてきた。インターネットの普及のなかでそうした社会的に形成された

「境界線／区分」は再び不明瞭になりつつある。

5　オンライン世界とオフライン世界の交わり

　対人コミュニケーションや対人関係を想起した場合、インターネットの普及は対人コミュニケーションや対人関係に変化をもたらしたと考えられると同時に、インターネットの社会的意味合いを大きく変化させたと考えられる。

　1995年に発売されたWindows95はそれまでのOSに比べれば、インターネット接続を容易にしたと考えられるが、ソフトウェアレベルやハードウェアレベルはもとより、インフラレベルでも当時のインターネットの接続はまだまだ容易なものではなかった。こうした流行に飛びつくことができたのは、コンピュータ知識をもつ層が中心であった。つまり、「誰でも使える」とは言い難い時代であり、その頃の多くのインターネット利用者の日常的人間関係のなかでもインターネット利用者は多くなかっただろう。もちろん、「類は友を呼ぶ」という言葉があるように類同性の原理が働くこと、そしてインターネットのような通信技術の普及にはネットワーク効果が働くことを考えれば、インターネット利用者の周りにはそうでない人よりはインターネット利用者が多くいただろうが、それでも多数派を占めることは難しかっただろう。

　しかし、その後ソフトウェアやハードウェアの簡略化、そして通信インフラの発展によって、インターネットはほぼ「誰でも使える」ような状況ができあがった。結果としてインターネットは社会に普及し、多くの人がインターネットを利用するようになった。言い方を変えれば、インターネット利用が「特別」だった時代から「当たり前」の時代へと移行した。

　インターネットと対人関係に関する研究に大きなインパクトをもたらした「インターネットパラドクス」と呼ばれる現象（Kraut et al., 1998）は、インターネット利用が「特別」だった時期のものである。インターネットは電子メールなどの対人コミュニケーション技術として使われていたにもかかわらず、インターネット利用量が多ければ多いほど、家族とのコミュニケーションを減少させ、近隣・遠隔の社会的ネットワーク規模を縮小させ、孤独感と抑うつ傾向を高めるという「インターネットパラドクス」は大きな論点を提供した（柴内, 2014；高比良, 2009）。この現象は、クラウトら自身の追試研究でも再現されず

(Kraut et al., 2002)、初期の結果に関してはインターネットの普及過渡期に生じた一時的現象であった可能性が指摘できる（柴内，2014）。初期のコンピュータネットワークの利用行動の研究ではこれまでの地縁や血縁などの社会的属性を共有する縁とは異なる「情報縁」が強調されていたが（池田，1997；川上ほか，1993）、インターネットが社会に定着した現在では地縁や血縁などの社会的属性を共有する縁でのコミュニケーションを補完する役割をインターネットが担うようになったことも重要視するべきであろう。

　こうした流れのなかで、オンライン世界での社会行動はもはや特別なものではないという見方も存在する。例えば、アダムス（Adams, 2011　小林訳，2012）は自身のソーシャルウェブ論において、オフラインでの社会行動がオンラインに移ってきているとし、オンライン世界の姿はオフライン世界の姿に近づいていくことを想定し、ビジネス領域においてソーシャルウェブで成功していくためには、激しく変化していく技術に着眼するのではなく、人間の行動のほうに着目するべきだと指摘している[9]。

　しかし、完全にオンライン世界とオフライン世界が重なったわけではない。実際には、オフラインと切り離されたオンラインコミュニケーションも行われているし、それはインターネットがどれだけ普及したとしても変わらない。ツイッターに関しては、匿名利用が可能となっており、名乗る名前が実名であると保証されているわけでもない（折田，2012）。

　インターネット利用が「当たり前」の社会になったことは、オンライン世界とオフライン世界を重ねることと重ねないことを選択可能にした。インターネットにはカスタマイズ可能性の高さがあり、利用者が望めばオフライン世界と切り離されたバーチャルな利用も可能になり得る[10]。一方で、インターネットの普及以前は難しかったオフライン世界と重ねたインターネット利用も、インターネットが広範に普及したことによって可能になった。

6　解放されたオンラインコミュニティとネットワーク化された個人主義

　オンライン世界を理解する上での重要概念の一つに「オンラインコミュニティ」または「バーチャルコミュニティ」がある。本章第4項において、メディアとしてのインターネットを対人コミュニケーションメディアとマスメ

ディアに大別したが、実際にはその中間とも言えるグループメディアとしての利用もある。グループメディアとしての利用はインターネットを集合的コミュニケーションメディアにする。こうしたオンラインコミュニティにはオフライン世界と重なりの大きいタイプと、オフライン世界との重なりの小さいタイプがある（小笠原，2006）。前者の例として、居住地域に密着した地域オンラインコミュニティがあり（小林・池田，2008）、後者の例として、オンラインゲームコミュニティがある（Kobayashi, 2010）。

　従来のオンラインコミュニティは電子掲示板（BBS）やメーリングリストなど、共有された「電子的な場」において共同性が形成されることによって成立していた。これに対し、ツイッターに代表されるソーシャルメディア、特にSNSでは個々のアカウントに対して専用のホーム画面が提示される仕様が一般的である。近年では「いいね！」ボタンや「ツイート」ボタン、ウェブサイト内でのコンテンツの埋め込み、アカウントの連携機能などによって、オンラインサービス間の境界も曖昧になってきている。こうした現象はオンライン世界において「電子的な場」の存在が希薄なものになりつつあることを意味している。

　オンラインコミュニティの現在を考える上で、オフライン世界におけるコミュニティ概念の議論をアナロジーとして利用してみよう。社会学において近代化、つまり産業化、官僚制化、都市化の進展と社会構造の関係は重要な問題であり、特に都市化の進展と第一次的紐帯の関係について、二つの対立的な主張が行われた。つまり、都市において第一次的紐帯、地域的連帯は失われたと考えるコミュニティ喪失論と、都市においても第一次的紐帯、地域的連帯は失われることなく残っていると主張するコミュニティ存続論である（Wellman & Leighton, 1979）。前者のコミュニティ喪失論はワース（Wirth, 1938）のアーバニズム論で主張されたものであり、フィッシャー（Fischer, 1984　松本・前田訳, 1996）が生態学的決定論と呼んだものに相当する。後者のコミュニティ存続論はガンズ（Gans, 1962）の観察によって主張されたものであり、これもフィッシャーの用語を借りれば社会構成論に相当する。

　こうした対立する学説に対して、トロント大学のウェルマン（Wellman, 1979; Wellman & Leighton, 1979）はトロント市イーストヨーク地区の調査にもとづいて、コミュニティ解放論を提唱した。この考え方は、社会の進展にとも

ない交通機関・手段の発展によって以前よりも長距離の移動が容易になったこと、電話などの遠隔通信手段の発展によって近隣に居住することなく紐帯の維持が可能になったことで、第一次的紐帯を捉える上で地域性の重要性が低下し、いわば「近隣」という地理的制約からコミュニティ概念が解放されたことを主張するものであった。コミュニティ解放論では地域からコミュニティを捉えようとするのではなく、個人を中心に置き、その人の重要な対人関係、つまりパーソナルネットワーク概念によってコミュニティを捉えるべきという主張が行われた。

こうした議論を補助線にすると、オンライン世界における「電子的な場」の存在の希薄化は、少なくともオンラインコミュニティが失われてきたのではなく、オンラインコミュニティは解放されたのだと理解ができる。この考え方は、オンラインコミュニティ喪失論に対してオンラインコミュニティ解放論と呼ぶことができる。もちろん、すべてのオンラインコミュニティから場が失われたわけではない。コミュニティ解放論の検証においても地域的連帯の存続が一部で認められたように（Wellman, 1979）、場を共有するオンラインコミュニティが一部で存続することも当然だと考えられる。重要な点は、現在、電子的な場を共有しない形の「オンラインコミュニティ」がオンライン世界において大きな存在となりつつあるということである。

解放されたオンラインコミュニティでは、解放されていない場合とくらべてどのような違いが生じるだろうか。ウェルマンの用語を借りれば、オンラインに限定しても「ネットワーク化された個人主義」（Rainie & Wellman, 2012; Wellman et al., 2003）のあてはまる事態が生じているといえる。ネットワーク化された個人主義とは、緊密に編まれた集団の拘束から個人を解放し、個人に対してネットワーキングスキルと方略、紐帯の維持、そして複数の重複するネットワークの調整を必要とさせる社会の仕組みを指す。コミュニティの解放によって高まったパーソナルネットワークの重要性に加えて、インターネットの普及による個人のエンパワーメントと、携帯電話の普及による常時接続性の進展が起きたことにより生じた社会的変化であるとされる（Rainie & Wellman, 2012）。オンライン世界に限定してもネットワーク化された個人主義があてはまることは、オンラインコミュニティにおいても、各利用者に対してネットワーキングスキルと方略、紐帯の維持、そして複数の重複するネットワークの

調整が要求されることを意味する。つまり、ツイッターを使っていたとしても、誰をフォローし、誰にフォローされ、どのようなネットワークを形成しているかが重要となってくる。

7　本書のテーマと全体の構成

　本書では、代表的なソーシャルメディアの一つであるTwitter（ツイッター）を題材にソーシャルメディア時代におけるオンラインコミュニケーションを考察し、そこからウェブの現在と将来を論じる。

　ツイッターは、オンラインメディアのカスタマイズ可能性を典型的に備えたサービスである。カスタマイズ可能性、すなわち利用者のニーズに合わせた選択性の高いオンラインコミュニケーションの特徴は、パーソナライゼーション（個人化）の形で極端に進行し、同じサービスを利用していてもユーザーひとりひとりが全く違う画面をみる時代が到来した。それは電子掲示板に代表された電子的な場からの解放を意味する。アダムス（Adams, 2011　小林訳, 2012）の表現を借りれば、人中心型のソーシャルウェブの典型的な事例の一つであるといえる。

　「インターネット元年」の1995年から20年が経過し、誰もがインターネットを利用する時代になった。2014年末のインターネット利用者数は1億人を超え、人口普及率は82.8％に達した（総務省, 2015）。このことはオンライン世界とオフライン世界の関係に大きな変化をもたらし、オンライン世界の「住民」も大きく変えた。決してコンピュータやネットワークに詳しくない人たちもツイッターを使っている。

　こうした変化――極端なカスタマイズ可能性の進展と投稿コストの低下による大衆化――をふまえて、我々が2013年から2014年にかけてツイッター利用者に行った調査結果をもとに、本書では以下のことを明らかにする。①情報収集のための情報ネットワークと交流のためのソーシャルネットワークの利用。それらとオンライン世界とオフライン世界の重なりと分離の実態。②発信内容と受信内容の実態と投稿の理由。情報内容の玉石のうち「石」が増えたと言われるなかでの情報過多感の実態、である。

　ツイッターは、フェイスブックのようにメイン画面の情報がサービス事業者

によって強くコントロールされておらず、ソーシャルメディアのなかでもユーザーによるカスタマイズの自由度が高い。またその多機能性や、匿名でも実名でも利用可能といった特徴は、ソーシャルウェブを理解する上でのよい事例となりうるだろう。したがって本研究から得られた知見を抽象化することによって、将来のウェブやオンラインコミュニケーション、あるいはそれらを対象とする研究の方向性について論じることが可能であろう。それには異論があるかもしれないが、そこから議論を喚起することこそが、筆者らが本書において見出している意義である。

　本書は、こうした問題意識のもとに以下のような構成となっている。

　まず第1章では、ツイッターの基本知識を整理する。第一に、ツイッターの歴史と仕組みについて整理する。第二に、他のソーシャルメディアとの関係や、海外におけるツイッター研究における知見を整理する。第三に、情報環境としてのツイッターの特性について整理した上で、「利用と満足」アプローチによってツイッター利用の多様性を示す。

　第2章では、ツイッターの基本であるネットワーキングについて、データ分析を通じて論じる。本書ではツイッター上でのネットワーキングを、特にエゴセントリックネットワーク、つまり個を中心としたネットワークの特性から理解を深める。ここで明らかになるツイッター上のエゴセントリックネットワークの特性は、第3章以降の理解の礎となる。

　第3章と第4章は、ツイッターにおける情報の発信と転送、すなわちツイートとリツイートの理由を論じる。ツイッターには高い情報発信可能性があり、実際に多くの利用者がツイッターを通じてツイートを行っている。また、他のアカウントがツイートした内容を転送、つまり自分のフォロワーに対して共有するリツイート機能の利用も活発である。この二つの章ではそれぞれ利用者のツイート、リツイートの動機を中心に、テキストマイニングを用いてアプローチする。

　第5章は、ツイッターにおける情報受信を取り上げる。ツイッターによる情報受信は第2章で確認したネットワークを通じて行われ、その内容には第3章、第4章で確認したツイート、リツイートが反映される。これらの内容を受けて、情報受信の側面からツイッターの情報環境としてのカスタマイズ可能性について検討する。

第6章のテーマは情報過多である。コンピュータ化とインターネットの普及は社会に「情報爆発」をもたらした。ツイッターでも情報量の増大は起きている。認知心理学の知見からも、人間の情報処理能力に限度があることは知られており、情報量の増大は情報過多状態が生じさせうる。第6章では、ツイートの受信において起こりうる情報過多について、その規定因を検討し、利用者が取りうる対処について考える。

　そして終章において、(ソーシャル)ウェブにおけるこれからの論点を考察する。本書の知見はツイッター利用に関するものであるが、ツイッター利用にとどまらない知見も含まれている。その含意について議論し、本書を締めくくる。

　本書で主に用いる調査データは次の四つである。

　一つ目と二つ目はツイッターの利用実態を調べるために行ったものである。一つ目が、2013年8月に実施した「第1調査」で、吉田秀雄記念事業財団による研究助成を受けて行ったオンライン調査である。何らかの機器で週1回以上ツイッターを利用する20～39歳の男女を対象として行った調査で、有効回答数は1,559であった。この調査では、研究目的の説明によって同意してくれた協力者に対して、通常のオンラインベースでの調査票による調査に加え、もっともよく使うツイッターのIDを回答してもらった。このID情報にもとづき、ツイッター上のデータを収集し、オンライン調査の回答との紐付けを行った。

　二つ目が、2014年1月に実施した「第2調査」で、東京経済大学個人研究助成費を受けて行ったオンライン調査である。この調査では、第1調査協力者1,559名のうち、812名から回答を得たパネル調査である。第1調査と同様に再度、研究目的の説明を行い、同意を得て、ツイッター上での客観的データを収集した。

　三つ目と四つ目はツイッター利用者のツイート、リツイートの動機を調べるために行ったものである。2014年7月に実施した「第1動機調査」と2014年11月に実施した「第2動機調査」である。この調査は電気通信普及財団による研究助成を受けて行ったオンライン調査である。対象者はツイッターを利用する15～39歳の男女で、第1動機調査の有効回答数は512、第2動機調査の有効回答数は730であった。

注

1) 平成16年版（2004年版）「世界に拡がるユビキタスネットワーク社会の構築」、平成17年版（2005年版）「u-Japanの胎動」、平成18年版（2006年版）「ユビキタスエコノミー」、平成19年版（2007年版）「ユビキタスエコノミーの進展とグローバル展開」、平成20年版（2008年版）「活力あるユビキタスネット社会の実現」
2) ただし、サービスは2015年現在でも継続されており、継続的利用者は存在している。リンデンラボによれば、2013年6月時点で3,600万アカウントが作成されており、1ヶ月に100万人以上の利用者がセカンドライフを訪れている（http://www.lindenlab.com/releases/infographic-10-years-of-second-life）。
3) SNSの"N"と最後の"S"はそれぞれ「ネットワーク（network）」と「ネットワーキング（networking）」、「サイト1（site）」と「サービス（service）」のいずれも用いられるが、本書ではボイドとエリソン（boyd & Ellison, 2007; Ellison & boyd, 2013）の用法と定義に従い、「ソーシャルネットワークサイト（social network site）」を用いている。
4) スンダーとマラーテ（Sundar & Marathe, 2010）は前者の「利用者の意思決定による個人化」のことをカスタマイゼーション（customization）、利用者仕立て（user-tailored）と呼び、後者の「機械処理による自動的個人化」のことをパーソナライゼーション（personalization）、システム仕立て（system-tailored）と呼んで区別している。
5) もちろん、他の利用者によって拒絶されることもありうる。
6) アカウントを作成したばかりでも、アクセスしているIPアドレスからわかる範囲の機械的推薦は可能である。例えば、ツイッターで日本国内のIPアドレスから新規アカウントを作成すれば、日本国内の利用者から人気の高いアカウントを最初にフォローしてみるように推薦される。
7) https://developers.facebook.com/docs/plugins/like-button
8) https://about.twitter.com/ja/resources/buttons
9) この主張については、ポール・アダムスが実名主義を強調するフェイスブック社に移籍後に出版された著書のなかで行われていることを前提として理解する必要があるだろう。
10) ただし、ツイッターを含めてインターネット上のサービスの利用において完全な匿名性が保証されることは難しい。実名を隠したツイッター利用者が、様々な手段によって実名、住所、勤務先などを暴かれることも実際にある（折田, 2012）。

1章
ツイッターとソーシャルメディア

　本章では、ツイッターがどのような仕組みのメディアなのか、ツイッターのソーシャルメディアにおける位置付けと利用の実態、そしてツイッターが象徴するような情報環境としての現在のインターネットが人びとにどのように受け入れられているかについて、述べる。最後は本書で用いるツイッターの四つの利用動機を記す。

第一節　ツイッターの基本的仕組み

　ここでは、ツイッターの機能を中心に、その基本的な仕組みについて説明する。ツイッターは公式ウェブページ（https://twitter.com）以外からも利用できる仕組み（API）があるが、ここでは基本的にツイッターに対するパソコンからの公式ウェブページからの操作[1]を前提とする。

1　ツイッターの歴史

　ツイッターは、米国のジャック・ドーシー（Jack Dorsey）が初期モデルを考案し、2006年3月21日に初めての投稿「just setting up my twttr」[2]を行った[3]ことに始まる。2007年にはツイッター利用者の考案によるハッシュタグが使われ始めた。2009年にはニューヨーク、ハドソン川の航空機不時着事件がツイッターでいち早く共有され、一般のマスメディアが事件を知る前に現場写真が拡散した。2010年にはプロモツイート[4]、プロモトレンド[5]、プロモアカウント（官公庁や企業、著名人等の公式アカウント）が開始され、ツイッターのビジネス利用が広まった。2011年3月には1週間に10億ツイートを記録、9月には月間アクティブユーザー数（MAU）が1億人を突破した。2012年には、米オバ

マ大統領の勝利宣言ツイートが最もよくリツイートされたツイートである（2015年2月23日現在で、81万以上のリツイートがなされている[6]）。2013年には、短時間の動画共有サービス Vine の提供が開始される。

2016年3月現在、アクティブユーザー数は3億1,000万で、アクティブユーザーの83％がモバイルで利用している[7]。

2008年4月には、日本語でのサービスも提供され、総務省の調査では2014年12月時点で利用率は21.9％で、10代では49.3％、20代では53.8％と若年層を中心に普及が進んでいる[8]。

2 ツイッターのアカウント

1）ツイッターアカウントとツイッターID

ツイッター利用者は、自分のアカウントに対して半角英数とアンダーバーを用いた任意のアカウント名を設定することができる[9]。このアカウント名はツイッターに登録する際に設定し、後から変更することもできる。一方、それぞれのアカウントには数字のみで構成されるツイッターIDが付与される。このIDは普段表示されることはなく、変更はできない。また、ツイッターアカウントとは別に、いつでも変更可能なスクリーンネーム（表示名）が存在し、スクリーンネームには20文字以内であれば文字の制限はない。

2）アカウントの公開範囲

ツイッター利用者は、自分自身のツイートを公開する範囲をフォロワーに限定（非公開設定）することができる。非公開設定にした場合、そのアカウントのツイートはフォロワーしか読めない。非公開設定のアカウントをフォローするには、そのアカウントに承認される必要がある。そのアカウントにダイレクトメッセージを送ることができるのもフォロワーであり、それ以外はそのアカウントのツイートをリツイートすることはできない。

デフォルトは非公開設定でなく、その場合、ツイート情報はインターネット上のオープンコンテンツになり、そのアカウントは自由にフォローすることができる。

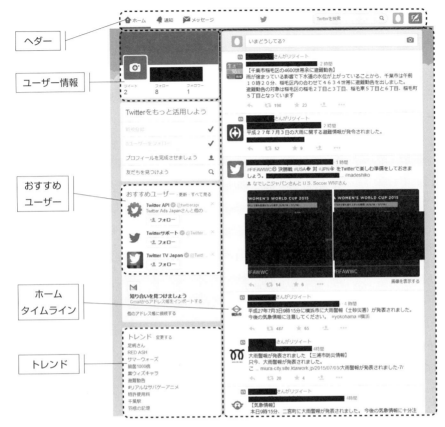

図1-1 ツイッターのホーム画面(ウェブ版:2015年7月3日取得)

3　ツイッターの情報環境——タイムライン

　ウェブブラウザでツイッターにログインした状態の画面を「ホーム画面」と呼び、その画面には「ユーザー情報」や「ホームタイムライン」が表示される(図1-1)。「ユーザー情報」にはアイコン、アカウント名、ツイート数、フォロー数、フォロワー数が表示さる。「ホームタイムライン」には、フォローしているアカウントのツイートとプロモツイートが新しいものほど上にくるよう

に表示される。本書での調査終了後に、「不在時のお知らせ」が追加されている。

ホーム画面には、それ以外にダイレクトメッセージや検索、ツイッターの設定を変更するヘッダー、ツイッター上でよく使われているキーワードやプロモトレンドが表示される「トレンド」、利用者のフォローやフォロワーの情報をもとにフォローを推薦する「おすすめユーザー」が表示される。

ツイッターの情報環境としての側面では、ホームタイムラインではなく特定の利用者のツイートのみをリスト化し閲読することができるリスト機能や、特定の利用者のツイートを非表示にすることができるミュート機能、自動的に翻訳する翻訳機能がある。

4　他の利用者との関係

ツイッターがソーシャルメディアたる代表的機能としては、他の利用者をフォローする機能が挙げられる。フォローする機能はいわばソーシャルネットワークを示し、他のソーシャルメディアであれば双方向の関係が構築されるが、ツイッターではフォローしただけでは必ずしも双方向にならず、相手からもフォローされることにより双方向性が実現する。

1）フォロー

あるアカウントをフォローすることにより、そのアカウントが発信したツイートをホームタイムラインで読むことができるようになる[10]。利用者は誰でも合計2,000アカウントまでフォローすることができ[11]、フォローが2,000に達した場合、追加でフォローできる数が制限され、上限はフォロワー数対フォロー数の比率に基づく。フォローしたアカウントはいつでもフォロー解除できる。また、自分のフォロー数はホーム画面から、フォローの一覧はプロフィール画面から確認できる。

2）フォロワー

他のアカウントからフォローされた場合、フォローされたアカウントにとってそのアカウントはフォロワーとなる。ブロック機能を用いると、特定のアカ

ウントのフォローを解除できるが、自分からフォロワーを作ることはできない。フォロー同様、自分のフォロワー数はホーム画面から、フォロワーの一覧はプロフィール画面から確認できる。

3）相互フォロー

あるアカウントをフォローし、そのアカウントからもフォローされている状態を相互フォローという。ツイッターでは、アカウントをフォローしただけでは相互フォローの関係にならない。

5 ツイートの種類

1）ツイート

ツイッターに投稿することを「ツイートする」といい、その投稿を「ツイート」という。ツイートは文字しか入力できず、1ツイートの上限文字数は140文字[12]（2016年4月現在）である。写真などの画像を投稿する場合には、アップロードする画像を選択し、それに自動的にURLが付与され、リンクが投稿される[13]。ツイート中にURLを入力すると、自動的にt.coドメインによる短縮URLに変換され[14]、ハイパーリンクが貼られる。この機能により、文字数が節約されると同時にWorld Wide Web上の情報をツイッターで参照できるようになる。

各ツイートには固有のIDが付与され、パーマリンクが与えられるため、公開設定されているツイートは誰でも閲覧できる。

2）リツイート

他のアカウントのツイートをタイムラインに表示させる（転送する）機能をリツイートという。公式リツイートは、もともとツイッター利用者の中から生まれてきた利用方法が、ツイッターの機能として実装された。利用者の中から生まれてきた利用方法を非公式リツイート、機能として実装されたものを公式リツイートと呼ぶ。

公式リツイートは、ツイート下部にあるリツイートボタンを押すことにより実行される。公式リツイートでは元のツイートがそのまま投稿され、編集はで

きない。公式リツイートは、元の投稿が削除されると、自動的に削除される。

非公式リツイートは、他者の投稿したツイートを引用（コピー＆ペースト）して自分のツイートとして投稿する。元ツイートを投稿したアカウントに対するメンション（次項参照）を含める、「RT」などの記号を付与するなど、非公式リツイートであることを明記する暗黙のルールが存在する。非公式リツイートは、ツイッターのAPIを利用した非公式クライアントの多くに実装されており、クライアントによって投稿形式が異なる。非公式リツイートは、元のツイートが削除されても、削除されない。非公式リツイートでは引用部分が140文字に含まれるため、元ツイートが編集ないし省略されることも多い。

3）メンション

メンションとは、特定の相手に公開メッセージをツイートとして投稿したい場合、ツイートのなかで半角の「@」（アットマーク）とその直後にそのアカウント名を入力することで行われる。メンションされた相手には通知される。メンションは公開のツイートであるが、非公開のメッセージを送る場合は「ダイレクトメッセージ」機能[15]を用いる。

4）返信（リプライ）

タイムラインに表示されるそれぞれのツイートには返信（リプライ）ボタンがついている。返信ボタンを押すことで対象ツイートを発信したアカウントに対するメンションが生成される。返信ボタンによって生成したツイートには、元のツイートIDが付与され、元ツイートから返信ツイートを辿ることができる。この返信機能により、ツイッター上で会話することができ、その会話の流れを表示し確認することができる。

6　その他の機能

ツイッターには、上記以外にもいくつもの機能が実装されている。ここでは本書に関連する三つの機能を補足する。

1）ツイッターAPI

ツイッターの外部のプログラムからタイムラインを表示させたりツイートすることができるツイッター API[16] が公開されている。この API によって、多数の非公式クライアントが存在する。本書において、ツイッターでのフォロー関係やツイートを抽出する際にもこのツイッター API が用いられている。また、API 等を用いてツイッター等のデータを収集することを「クロール」、もしくは「データクロール」という。

2）ツイッタークライアント

ツイッターの閲覧と投稿は、ツイッターのウェブページ（https://twitter.com）以外に、ツイッタークライアントと呼ばれるソフトウェアからも可能である。iPhone やアンドロイド端末用にツイッター社の公式クライアントが存在するが、それ以外にもサードパーティ製の非公式クライアントが多数存在する。非公式クライアントでは、基本的に公式クライアントで可能な操作が実装されているが、表示形態や非公式リツイートの形式など細かな点で異なる。よく用いられているツイッタークライアントとしては、Janetter[17] や Tween[18]、ついっぷる[19] がある。

3）外部サイトからのツイート

ツイッター外部のウェブサイトから、そのウェブサイトについて投稿できる「ツイッターボタン」機能がある。

第二節　ツイッターの特徴と利用目的

1　ソーシャルメディアとSNS

さて、「ソーシャルメディアとは何か？」という問いは存外厄介である。

そのいちばんの理由は、それが幅広いサービスを包含するからだ。ボイド (boyd, 2014　野中訳, 2014, p.15) は、ソーシャルメディアに「SNS サイト、動画共有サイト、ブログおよびマイクロブログのプラットフォーム、また参加者

が自身のコンテンツを作ってシェアすることができる関連ツール」を含めている。『ソーシャルメディア白書』（トライバルメディアハウスほか, 2012）でも、SNSやマイクロブログはもとより、動画共有サイトやクチコミサイト、ソーシャルゲームサービスまでが含まれている。その出自がチャット機能であるLINEも「参加者が自身のコンテンツを作ってシェアすることができる」ため、2013年に実施された総務省調査（総務省情報通信政策研究所, 2014）では主要ソーシャルメディアに含まれている。

「ソーシャルメディア」という語の検索回数をグーグルトレンドで見ると、実はそれが、アメリカでは2008年末から、日本では2009年末から伸びが増加している新しい語であることがわかる。つまりこの語がブログやSNSの登場からしばらくたった後に「プロフィールを持った参加者が自身のコンテンツを作ってシェアすることができるもの」というようなゆるやかな定義で人びとに共有されて普及していったことが、ソーシャルメディアのわかりにくさの理由になっていると考えられる。

今一点はSNS（ソーシャルネットワークサイト）と上位概念のソーシャルメディアの重なりが大きくなり、両者の区別がつきづらくなってきているからである。

SNSの学術的定義としては、2007年のボイドとエリソン（boyd & Ellison, 2007）のものがあり、エリソンとボイド自身が2013年にそれを改めている（Ellison & boyd, 2013）。改訂後の定義ではSNSは、利用者が、①利用者自身そして他の利用者が生成したコンテンツ、場合によっては当該システムによって提供されたデータも含めて、利用者を特定できる公開／限定公開のプロフィールを持つ、②他の利用者によって閲覧可能で、またそこからさまざまな関係を辿ることのできる人間関係を公開されたものとして明確に表示できる、③他の利用者によって生成されたコンテンツを消費し、またそのコンテンツを介して他の利用者とやりとりが可能、という三つを満たすコミュニケーションプラットフォームであるとされる。

2007年からの変更点は、利用者がプロフィールを持つのみならず、利用者が生成するコンテンツとその消費という点が強調され、また「特定のシステム内で」という要件が外され、他のサービスとの連携が意識された点である。つまり、利用者自身がSNS内から投稿するテキストや写真はもちろん、他のウェブサービスに設置されたボタンなどによって外部サービスのコンテンツを流し

込み、他のユーザーがそれを消費し、場合によってはそれを介して交流する「基盤＝プラットフォーム」となった点が強調された。

ではここで、ソーシャルメディアであってエリソンとボイドの言うところのSNSではないものを考えてみよう。匿名掲示板でユーザープロフィールのない「２ちゃんねる」はそれに当たる。またユーザー登録はするものの、他の利用者とのつながりが示されないサービスも該当する。ところが時代とともにウェブサービスが徐々に利用者のプロフィールと利用者同士の関係情報をデータとして持つようになってきているため、この領域は狭くなってきている。たとえば化粧品クチコミサイトの「アットコスメ」は、2004年に本人と化粧品の嗜好が近い利用者をお気に入り登録できるようにし、その相手とコミュニケーションを取る仕組みを導入した。また2006年にグーグルに買収されたユーチューブで、動画を視聴するだけでもログインが推奨されるようになったのは2009年で[20]、さらに2011年のグーグルプラス開始後は、グーグルプラスでの友人の視聴動画がユーチューブで推奨されるようになった。つまりユーチューブもエリソン＆ボイド的な意味でのSNSになった。実際に会員登録を要するサイトで他の利用者とのやりとりの手段を持たないものは、少数派になりつつある。

この流れをリードするのがSNSの雄フェイスブックであり、2008年に同社が導入した技術では、外部サイトにフェイスブックのアカウントでログインでき、その場合、利用者には自分の友人の誰が当該サイトの記事を読んでいるかも表示されるようになった。また、その記事はフェイスブック内でシェアできる。つまり、このようなウェブ全体のソーシャル化の潮流によって、エリソンとボイドの意味でのSNSとソーシャルメディアはここ５〜６年で接近してきているのである。

2 ソーシャルメディアにおけるツイッターの位置づけ

ツイッターはエリソンとボイドによるSNSの定義に合致する。ただしツイッター社は、フェイスブックが友人関係を示すソーシャルグラフであるのに対して、ツイッターのネットワークは関心に基づくインタレストグラフである、とその差異をしばしば強調する。またツイッターのネットワークは有向グラフ

（ある人をフォローしても、相手が自分をフォローするとは限らず利用者間関係に向きがある）で、フォローしたりフォローを外したりすることの自由度は、最初に相互承認によって友人になる無向グラフのフェイスブックよりも高い[21]。ここから、交流中心のSNSよりもニュース情報源としてツイッターを利用する者が多いとの仮説が設定できる。

　この点については、クワックら（Kwak et al., 2010）の研究が参考になる。「ツイッターとは何か、ソーシャルネットワークかニュースメディアか？」と題された論文では、4,170万アカウントによる1億600万のツイート、14億7,000万の利用者間関係と4,200のトレンドトピックが収集され、分析された。その結果、利用者間関係の77.9％は片方向であることが判明した。さらに非常に大きなフォロワー数を持つ者（有名人・ニュースサイト）のツイートでも、多くリツイートされる場合とそうでない場合があることから、クワックらはツイッターを良質なニュースが伝播するニュースメディアと特徴づけた。コムスコア（comScore）によれば（Schonfeld, 2009）、2009年6月の全世界でのツイッター利用者は4,450万とされるので、そのデータの網羅性から、コンピュータサイエンス分野では、ツイッターはニュースメディアというのが通説になっている[22]。

　しかしツイッターが「ニュースメディアである」という見方は正確ではない。というのも約20％のユーザー間関係は双方向であり、そのネットワークにおいてはユーザー間の交流が行われているからである。ツイッターの利用目的に関する調査は多数あり、ジャヴァら（Java et al., 2007）は、利用目的は日常活動についての会話と、情報獲得の二つであるという。またナーマンら（Naaman, Boase, & Lai, 2010）は投稿内容を分析し、ツイッター利用者を「インフォーマー（informer）」と「ミーフォーマー（meformer）」に分類した。「インフォーマー」とは情報共有に勤しむ利用者であり、「ミーフォーマー」とは自分自身に関することがらを投稿する者を指す。その上でナーマンらは、「ミーフォーマー」による投稿は、対人関係を維持する上で重要な役割を果たしうることを指摘している。

　石井（2011）はフェイスブック、ミクシィ、モバゲータウン、グリー、ツイッターの五つの日本のSNSユーザーを調査し、このうち前二者を既知の友人が多く、個人情報の開示度が高い「強いつながりのSNS」、後三者を既知の友人が少なく、個人情報の開示度が低い「弱いつながりのSNS」とした。「弱いつ

ながりのSNS」はネット上の対人関係と結びついており、特にツイッターの利用頻度は五つのなかで最も高く、「ネットでの交流」に関わる因子でも最高であった。つまりフェイスブックやミクシィといった「強いつながりのSNS」と同等以上のオンラインでの友人間の交流がツイッターではなされている。

ここまでの議論から、本書ではツイッターをソーシャルメディアであり、またSNSであると考える。そして他のSNSと比較した場合には、既知の友人の少ない「弱いつながりのSNS」ととらえる。また平均的に見れば、情報獲得目的での利用が多いものの、相互フォローに基づく交流もツイッターの利用目的の一つであり、無視できる要素ではないと考える。そして、この多面性と多機能性が、ツイッターをウェブにおける人びとの情報行動を考える上での格好の題材であると筆者らに考えさせている。

第三節　海外と日本でのツイッター利用

つづいてツイッターの海外と日本での利用について記述していこう。

1　利用者数とツイート数

2016年3月現在、ツイッターには3億1,000万のアクティブユーザー（月に1回はログインするアカウント）がいる。本国アメリカでのアクティブユーザーは6,500万人にとどまりサポート言語数が35あることから分かるように利用者は世界中に拡がっている（Twitter, 2016a）。第1調査に近い2013年10月のアクティブユーザー（ツイートする人）の国別比率は表1-1のとおりである（Peer Reach, 2013）。

利用状況は国によって異なる。たとえば、エジプトでの2011年の革命時に、ツイッターはフェイスブックとともに、若年中流層の連帯と警察など体制派の鎮圧行為を広く伝える上で、一定の役割を果たしたとされる（Eltantawy & Wiest, 2011; Lim, 2012）。

2015年末の日本でのアクティブユーザーは3500万とされるが、日本は早い段

表1-1　アクティブユーザー（ツイートする人）の国別比率（%）

順位	国	全体に占める比率	順位	国	全体に占める比率
1	アメリカ	24.3	8	トルコ	3.0
2	日本	9.6	9	メキシコ	3.0
3	インドネシア	6.5	10	ロシア	2.6
4	イギリス	5.6	11	アルゼンチン	2.6
5	ブラジル	4.3	12	フランス	2.1
6	スペイン	4.3	13	コロンビア	1.9
7	サウジアラビア	4.1		その他	26.0

(Peer Reach, 2013)

階でツイッターが人気を博した国の一つである（Java et al., 2007）。コンピート社によれば、2008年3月に twitter.com への訪問者は世界で600万を超え、その1/4は日本からで、海外からのデータトラフィック量の39%を占めた（西村、2008）。これを受け、フェイスブックに1ヶ月先駆けた2008年4月にツイッターは日本語化されている。早期に受容された理由の1つに、携帯電話からの投稿がすでに習慣化しており、これがリアルタイム性を売りとするサービスと見事に噛み合ったことが挙げられる。ツイッターの初期技術戦略では、DB（データベース）のAPIを公開し、外部企業によるクライアントソフト開発が可能になっていた。実際、日本ではフィーチャーフォン用ソフトである「モバトゥイッター」（後にモバツイ）が2007年4月という早い時期にリリースされていた。

2009年1月のニューヨーク、ハドソン川での飛行機不時着事故をツイッターで知ったという利用者が多かったことから、その速報性が社会的にも注目され始め、日本でも有名人が使い始めた同年6月から利用者数の増加が加速した。そして2010年の「ユーキャン新語・流行語大賞」のトップ10に「…なう」（「今……している」を意味するツイッターでの常套句）が選ばれた。

モカヌら（Mocanu et al., 2013）によって収集された2010年から2012年までの3億6,700万ツイートのなかでは、日本語ツイート数は5位であった。1位の英語、2位のスペイン語とは差があるものの、3位のインドネシア語と4位のマレー語とは僅差で、日本では活発にツイートがなされている。2015年12月の日本での3,500万アクティブユーザーは2011年3月の670万の5.2倍でこの間の

伸び率では世界一であった（安藤，2016）。

2　ツイート内容とネットワーク構造

　日本のツイッター利用者[23]の特徴には、90％以上のツイートが日本語で書かれている点が挙げられる（Poblete et al., 2011; Mocanu et al., 2013）。母国語ツイートが多数を占める傾向はどこの国にも共通で、オランダ、インドネシア、メキシコといった英語ツイートが10％以上占める国は例外である。つまりグローバルなサービスとはいえ、ツイッターは言語圏や文化圏で閉じた性質を基本的には持つ。パクら（Park et al., 2014）は、ツイート中で使われる顔文字（emoticon）が ^_^ のような垂直型か :-) のような水平型かの分析を行い、国や文化圏によりその比率が異なることを示している。

　ツイート内容も同様である。ホンら（Hong et al., 2011）の2010年4月から5月の6,200万件のツイート分析を上位9言語についてまとめたのが表1-2で、ツイートタイプの各比率が示されている。表中、メンションとは"@username"がツイートに含まれるもので、そのうち"@username"がツイート冒頭にあるものをリプライとしている。メンション比率はリプライを除外したものである。リツイートは、言語によって公式リツイート機能が実装されている場合とそうでない場合があるため[24]、ツイート中に"RT:@"などの文字列が含まれるものを指す。

　メンション比率はインドネシア語で高く、リプライ比率は韓国語で高い。日本語では、リプライ比率が全体より高めだが、メンション、リツイート、URLつき、ハッシュタグつきの各比率は低く、韓国語ほどではないが、会話が活発に行われていると推測される。逆にドイツ語はURLつきとハッシュタグつき比率が高く、情報伝達中心であることが推測される。

　2011年3月から5月のデータでは、日本語の"@"を含むツイート（表1-2のメンション+リプライ、さらに@usernameを含むリツイートも該当する）比率は30カ国中4位[25]であった（Garcia-Gavilanes et al., 2013）。さらに中国でのウェイボー利用者（ウェイボーとは中国版ツイッター）との比較において、日本のツイッター利用者（データは2011年7月）はリプライや友人や家族などとのやりとりの比率が高い一方、リツイート率が低い（張・石井，2012）。改変不可能でオリジナル

表1-2　各国のツイートタイプの比率（％）

	メンション	リプライ	リツイート	URLつき	ハッシュタグつき
全体	18	31	13	21	11
英語	18	29	13	25	14
日本語	10	33	7	13	5
ポルトガル語	18	32	12	13	12
インドネシア語	52	20	39	13	5
スペイン語	19	39	14	15	11
オランダ語	15	35	11	17	13
韓国語	14	59	11	17	11
フランス語	12	36	9	37	12
ドイツ語	11	25	8	39	18

(Hong et al., 2011)

ツイートを削除するとすべての拡散先でもデータが消去される（つまり誤情報の修正が一括で可能な）公式リツイートの利用が日本で進んだのは2011年3月の東日本大震災後と考えられる（吉次，2011；関谷，2012）。

では1ツイートあたりの文字数や情報量はどうであろうか。ニュービッグとデュー（Neubig & Duh, 2013）による2012年6月から7月のデータでは、日本語の1ツイートあたり情報量は26言語中2番目に少ない。ここでの情報量は各言語の1文字あたりの情報量も加味したもので、意味的要素も含んだものである。つまり1文字あたりの情報量では、中国語、日本語、韓国語の順で多いのだが、日本語の1ツイートの文字数は非常に少ない。日本語ツイートの長さは、平均で約50文字でピークは2つあった。約20字のものと140字に近いもので前者の方が多かった。英語やインドネシア語では、最も頻度の高いツイート長は140字に近いもので、平均でも70文字を超える。

ネットワーク構造を見ると、日本では相互フォロー率が高く、ポブリートら（Poblete et al., 2011）によれば、32％とツイート数上位10カ国中1位であった。相互フォロー率の高さは張・石井（2012）での中国人のウェイボー利用との比較からも明らかにされている。マイヤーズら（Myers et al., 2014）の2012年後半のデータでも相互フォロー率はもちろん、ネットワーク密度[26]を示すクラスタリング係数も高い。しかもネットワークが大きくなるにつれて0.1近くまで

下がったクラスタリング係数がフォロー＆フォロワー数が200人を超えると再度上昇し、1,000人ほどで約0.2のピークを迎える。つまり数百人から1,000人ほどのネットワークを持つ者同士がそれぞれフォローしあう構造が見え、理由は不明ながらも日本の特異性として指摘されている。

　もう一点指摘しておくと、日本語のツイートは時間帯に関係なく投稿される傾向を持つ（Garcia-Gavilanes et al., 2013）。特に、国ごとにその国民がもつ時間感覚が単線的か（ルーチンで計画通りに時間が進む傾向）、複線的か（複数の予定を同時に入れたり、場当たり的な時間の過ごし方をしたりする傾向）で決定した順位[27]（Levine, 1998）とツイート投稿時刻のランダム性の2軸で作られる平面上に日本をプロットするとその特異性は際立つ。すなわち日本人は、ドイツ人と同様に単線的な時間を過ごす国民でありながら、ツイート投稿は決まった時刻に定期的に行われずに、ランダムに投稿されている。

　整理すると、日本の利用者は活発にツイートしており、ネットワークの相互フォロー率も密度も高く、ツイートのリプライ比率も高く、1ツイートあたりの長さは短い。すなわち情報獲得目的に加えて、交流目的でもツイッターを利用していると考えられる。

　相互フォロー率やネットワーク密度の高さは、利用者にとって拘束力が強い状態だと一般的には考えられる（Bott, 1955）。そうでありながら、ツイッターにおいて「ツイッター疲れ」という現象はあまり言われない。ツイッターが継続的人気を保っている理由として、木村（2012）は、ツイッターでの「『場』の解体」を挙げる。すなわち利用者一人一人の見ている画面が異なり、また友人とのやりとりが可能でありながらも、未既読を示す機能がないため、「見ている者だけが見ている」という安心感をもたらし、気軽にツイートできるからではないかと、特に若者での利用を想定しながら述べている[28]。

第四節　情報環境としてのツイッター

　ここでは情報環境としてのインターネットの特徴をふまえた視点から、ツイッターの特徴を考えてみよう。

1　ツイッターにおける集団・社会のカスタマイズ可能性

　ツイッターではフォローと被フォローが分かれているため、鍵付きアカウントでなければ自由にフォローできる。これはブログにおけるRSSの購読に近い。つまり、「友人申請」をしなければならないような無向グラフ型のSNSに比べて、ツイッターにおけるフォローは任意性が高い。「友人申請」が必要となるSNSでは、申請が承認されない可能性もあるのに対し、ツイッターでは相手から「ブロック」機能による積極的な拒否を受けない限りは、フォロー側の意志によってフォローできるのである。
　ただし自由にフォローできるのは2,000アカウントまでで、それ以上は自分のフォロワー数に応じてフォロー可能なアカウント数が決定される。ツイッターのアカウント数は9億7,400万を超過しており、当然のことながら、ツイッター上の全アカウントをフォローすることはできない。ここで重要な点は、無数にあるアカウントの中から、利用者がフォローするアカウントを選択することである。つまり、各利用者はどのアカウントをフォローし、どのアカウントをフォローしないかを自分で決定しなければならない。
　ツイッターは有向グラフ型SNSであるが、他の利用者とフォローし合うことによって、無向グラフ型SNSと同じように利用できる。一方で、ツイッター上には企業・組織・団体などのアカウントや有名人・芸能人によるアカウントが多数存在する。こうしたなかで利用者がネットワークを形成するツイッターは、「コミュニケーションの単位となる集団や社会をいかようにでも設計できる」というインターネットの特徴（池田、2005）と整合する。

2　ツイッターにおける情報発信可能性

　ツイッターは「マイクロブログ (microblog)」や「ミニブログ」と呼ばれることも多い。新聞記事で言及される場合には「簡易投稿サイト」という紹介が付けられる。
　こうした呼ばれ方は、ツイッターが一つの投稿に対して「140字」という字数制限を設ける点に起因している。「マイクロブログ」や「ミニブログ」と

いった呼ばれ方には、ウェブログ（ブログ）の簡易版というイメージが伴う。つまり、140字という字数制限がついていることにより、ウェブログに書くほどのことでもないちょっとしたことであったり、「つぶやき」であったりといったことが投稿されやすい。これはウェブログなどよりも、さらにオンラインでの発信をより簡便な方向へ進めるものであったといえるだろう。

ツイートによる表現形式は、技術仕様の発展によってより多様なものになってきている。例えば、URL をツイート内に記述すれば、ハイパーリンクが自動的に貼られる。写真・画像の URL や動画の URL が貼られることで、写真・画像・動画の埋め込みも可能になっている。

メンションや返信（リプライ）といった投稿機能によって他の利用者とのコミュニケーションを行うことも可能である。2010年代からのスマートフォン普及によるモバイル利用と相俟って、ツイッターに関してしばしばそのリアルタイム性が指摘される。そうしたリアルタイム性とメンションや返信機能によって、ツイッターはリアルタイムの対人コミュニケーションに利用されることもある（木村, 2012）。

リツイート機能によって他の利用者のツイートを自分のフォロワーに対して共有（転送）することも可能である。他者が発信した内容でも、リツイート機能によって間接的に情報発信に寄与できる。こうした点も、オンラインにおける情報発信を一般的なものにしていくために必要な簡便性を支える機能とみなすことができるだろう。

3　ツイッターにおける情報受信のカスタマイズ可能性

ツイッターにおける集団・社会のカスタマイズ可能性と、個々の利用者のツイートによって、ツイッターにおける情報受信のカスタマイズ可能性は実現されている。

ツイッターの基本画面を「ホームタイムライン（Home Timeline）」と呼ぶが、前述のように（本章第一節「3. ツイッターの情報環境」参照）、一般には「タイムライン（TL）」と呼ばれることが多い。各利用者のホームタイムラインには、自分がフォローした相手のツイートとリツイートが、新しいものから順に表示される[29]。同じ人をフォローしていても、他にフォローしている人が異なれば、

ホームタイムライン上でのツイートの並びが変わる。例えば、Xをフォローする A と B がいたとき、A のホームタイムラインには X のツイートが二つ連続で表示されていても、B のホームタイムライン上ではその二つの X のツイートの間に他のツイートが挟まってくることもありうる。同じツイートでも異なったホームタイムライン上に表示されることで、異なったニュアンスを帯びる可能性もある。

どのアカウントをフォローし、どのアカウントをフォローしないかによって、ホームタイムラインの見え方は大きく変わる。同じ「ツイッター」というサービスを利用していても、一人一人が異なるホームタイムラインを見ていることになる。前述のように、フォローするアカウントの選択は非常に任意性が高いため、各利用者は自分のニーズに合わせた情報環境をツイッター上で構成することが可能となる。情報経路のオンとオフを選択することで、自分のニーズに合わせてホームタイムラインを「カスタムメイド」できる。

ツイッターにおける情報発信可能性によって、多様な利用者がツイッター上での情報発信に参画している。こうした多様な利用者がもたらす多様なツイートは、ツイッターにおける情報受信のカスタマイズ可能性を高いものにしている。特に、ツイッターのフォロー・被フォローの非対称性がもたらすフォローイングの自由度の高さは、無向グラフ型SNS以上に、利用者の需要・ニーズに応じた情報環境の選択可能性を高いものにしている。

一方で、情報受信のカスタマイズ可能性は利用者の意識的選択に委ねられている部分が大きい。しかしながらその一方で、フォロー数を増やしていってもツイートの自動的削減が行われるわけではないため、フォロー数を増やしすぎれば情報過多の状態が生じかねない。

第五節　ツイッターの「利用と満足」

インターネットは高いカスタマイズ可能性を有しており、その特徴はツイッターにも存在している。この前提に立てば、ツイッターは利用者の利用目的に応じてカスタムメイドされた形で利用されている。この点を強調した場合、ツイッターの利用行動を理解していく上で、利用者がどのような意図でツイッ

ターを利用しているのかを理解しておく必要があるだろう。

　こうした観点に立つメディア研究における考え方が「利用と満足」（uses and gratifications）である。「利用と満足」アプローチとは、利用者の利用動機や充足からメディア利用に迫る理論的アプローチである。メディア研究における「利用と満足」研究の歴史は古く、1940年にコロンビア大学の『ラジオと印刷物』と題された報告書のなかで、その最初の研究成果が発表された（竹内, 1976）。この研究は、ラジオのクイズ番組を取り上げて、聴取者がその番組から得ている充足を面接調査の結果にもとづいて分析している。

　受け手を論理的出発点としてマスコミュニケーションの社会的機能に迫る研究は、メディア研究に応用されている。「利用と満足」の観点は能動的な「受け手」に着眼するものであったため、選択可能性の高いメディアの社会的機能に接近する手段として適合的な観点である。実際に、パソコン通信（川上ほか, 1993）、World Wide Web（Ferguson & Perse, 2000）、オンラインコミュニティ（Ishii, 2008）、フェイスブックグループ（Park et al., 2009）など、「利用と満足」アプローチは一定の役割を果たしてきた。

　我々の調査でも、この観点にもとづく質問項目群を用いた。第1調査における回答分布が表である（表1-3）。この質問項目群は、ツイッターの利用動機、つまり、なぜツイッターを利用するのかである。表では、ツイッターを利用する動機として「あてはまる」または「ややあてはまる」と回答した割合が高いものから順に示してある。

　もっとも多くの肯定的回答を得たのは、「他では得られない情報を得るため」であった。これと類似する項目である「世の中の出来事を知るため」「新しい考えや発想を得るため」も相対的にみて、肯定的回答の割合が高い。マスコミュニケーションにおける「利用と満足」研究では、この種の利用を「環境監視」と呼び（竹内, 1976）、この結果はツイッターが利用者の環境監視欲求を充足していることを示唆する。2番目に多くの肯定的回答を得たのが「楽しいと感じるから」であった。これと近い内容の「面白いから」「時間をつぶすため」といった項目についても、肯定的回答率が相対的に高い。これらはマスコミュニケーション研究で「気ばらし」と呼ばれた充足タイプに近い。

　この他で肯定的回答の多い項目に「知人・友人の近況を知るため」がある。この項目は「あてはまる」と「ややあてはまる」を合わせると6割を超す。こ

表1-3　ツイッターの利用動機（単純集計）

	あてはまる	やや あてはまる	あまり あてはまら ない	あてはまら ない
他では得られない情報を得るため	26.9	46.3	15.7	11.2
楽しいと感じるから	22.1	46.6	18.0	13.3
世の中の出来事を知るため	22.3	46.3	18.3	13.2
面白いから	18.7	44.7	21.0	15.6
知人・友人の近況を知るため	20.1	40.4	18.6	20.9
時間をつぶすため	14.1	46.2	22.5	17.3
自分の気持ちや感情を表現するため	17.6	39.0	19.4	24.0
新しい考えや発想を得るため	14.2	40.9	25.5	19.4
単に習慣になっているから	14.2	37.7	26.9	21.1
知人・友人に自分の近況を知らせるため	15.5	35.9	23.1	25.5
知人・友人との交流を深めるため	14.3	35.8	24.1	25.9
人との会話の話題を得るため	12.3	37.0	26.0	24.7
刺激を得るため	7.4	29.6	34.1	28.8
日常生活上の悩みや問題を解決する助けになるから	6.8	27.9	35.2	30.1
自分の考えを広く他人に知ってもらうため	9.2	25.4	36.9	28.5
くつろぎを得るため	8.3	26.0	35.3	30.4
寂しさを紛らわすため	8.0	23.8	35.3	32.9
自分の存在を知ってもらうため	7.8	23.7	34.9	33.6
新しい友人・知人を作るため	6.5	20.5	34.5	38.6
悩みを忘れるため	5.4	18.9	33.6	42.2
新しい異性との出会いを見つけるため	2.9	10.2	26.2	60.7

N＝1559，数字は％

　の項目と関係が深そうな「知人・友人に自分の近況を知らせるため」や「知人・友人との交流を深めるため」はそれぞれ5割前後であり、「近況を知るため」と比べるとややその割合が低い。とはいえ、それでも半数近くの肯定的回答を得ており、ツイッターが既存の友人・知人との関係を補完するツールとしても使われていることが分かる。このように既存の友人・知人との関係の補完が半数前後の肯定を得る一方で、「新しい友人・知人を作るため」や「新しい異性との出会いを見つけるため」など、ツイッターを通じた新しい人間関係の構築は、相対的に少ない肯定しか得られなかった。

　これらの回答を因子分析[30]という手法で分類してみる。因子分析とは各項目に対する回答パターンの相関関係から、項目に対する反応に共通する潜在的因子を数理的に推定する統計手法である。表に示すように、この分析によって

表1-4　ツイッターの利用動機（因子分析結果）

	因子 1	因子 2	因子 3	因子 4	共通性
第1因子：オンライン人気獲得					
新しい異性との出会いを見つけるため	**0.85**	−0.21	−0.05	−0.10	0.43
新しい友人・知人を作るため	**0.78**	0.12	0.01	−0.13	0.62
悩みを忘れるため	**0.70**	0.04	0.12	−0.01	0.65
自分の存在を知ってもらうため	**0.70**	0.15	−0.09	−0.13	0.44
自分の考えを広く他人に知ってもらうため	**0.61**	−0.14	0.13	0.23	0.60
日常生活上の悩みや問題を解決する助けになるから	**0.55**	0.14	−0.03	0.18	0.57
刺激を得るため	**0.52**	0.27	−0.12	0.13	0.54
第2因子：娯楽					
面白いから	−0.08	**0.86**	−0.03	0.08	0.73
楽しいと感じるから	−0.12	**0.86**	0.07	0.04	0.73
単に習慣になっているから	0.11	**0.54**	0.10	−0.01	0.47
時間をつぶすため	0.12	**0.49**	0.00	−0.05	0.29
第3因子：既存社交					
知人・友人に自分の近況を知らせるため	0.01	−0.13	**0.92**	0.06	0.78
知人・友人の近況を知るため	−0.17	0.08	**0.92**	−0.05	0.71
知人・友人との交流を深めるため	0.09	0.10	**0.78**	−0.13	0.71
人との会話の話題を得るため	0.19	0.11	**0.49**	0.13	0.65
第4因子：情報獲得					
世の中の出来事を知るため	−0.10	−0.01	0.00	**0.89**	0.69
他では得られない情報を得るため	−0.15	0.08	−0.08	**0.81**	0.55
新しい考えや発想を得るため	0.21	−0.03	0.04	**0.63**	0.61
クロンバックのα係数	0.88	0.82	0.89	0.81	

四つの因子が得られた（表1-4）。

第1因子は、ツイッターを通じて新しい関係の構築を求めたり、自分のことや考えについてツイッターを通じて知ってもらうことを求めたりする項目と関係の強い因子であったことから、「オンライン人気獲得」動機と解釈された。第2因子は、前述の「気ばらし」と関係する項目が並んでおり、ツイッターに対して娯楽を求める動機と関係が強いことから、「娯楽」動機と解釈された。第3因子は既存の友人・知人との対人関係を補完することを求める項目が並んだことから、「既存社交」動機と解釈された。そして、第4因子にはツイッターを通じて新しい情報などを得ようとする欲求に関わる項目が並んだことから、「情報獲得」動機と解釈された。

回答について「あてはまる」を4点、「ややあてはまる」を3点、「あまりあ

てはまらない」を2点、「あてはまらない」を1点として、各因子に含まれる項目の点数を単純加算し、それを項目数で割った値で各動機の強さを点数化した。各動機の強さの平均値を求めると、オンライン人気獲得動機は1.98（SD 0.69）、娯楽動機は2.62（SD 0.76）、既存社交動機は2.44（SD 0.89）、情報獲得動機は2.72（SD 0.80）であった。つまり、平均的なツイッター利用動機としては、情報獲得動機、娯楽動機、既存社交動機、オンライン人気獲得動機の順に低水準なものとなっていく[31]。情報獲得動機と娯楽動機はそれぞれ池田（1988）のいう「道具性の情報ニーズ」と「コンサマトリー性の情報ニーズ」に対応しており、ツイッターは平均的にみて情報ニーズによって利用される傾向が強いということができよう。

　平均値としては相対的に低かったとはいえ、既存社交動機やオンライン人気獲得動機からツイッターを利用している層も存在しているのは確かである。既存社交動機の得点が3点以上の回答者は38.5％存在しており、もっとも平均値の低いオンライン人気獲得動機であっても、3点以上の回答者は9.7％存在する。平均的にみたときのツイッターの利用動機は情報ニーズによって支えられている傾向が強いとはいえ、対人交流もその利用目的の主なものの一つであり、無視できる要素ではない。

　こうしたツイッター利用動機の多様性は、ツイッターのカスタマイズ可能性によって支えられている。次章では、こうした利用動機の差異がどのようなツイッターのカスタマイズにつながっていくのかを、ネットワークの観点から解き明かしていくことにしたい。

注
1）　公式ウェブページとスマートフォン等のアプリでレイアウト等が異なる部分もあるが、機能的にはほぼ同等である。また、ツイッターの機能等は日々新しく追加・修正がなされているが、ここで紹介している内容は2015年2月時点のものである。
2）　https://twitter.com/jack/status/20
3）　https://about.twitter.com/ja/milestones
4）　「プロモツイートは普通のツイートですが、現在のフォロワーとターゲットにしている潜在的なフォロワーの両方に届く仕組みになっています。」（https://biz.twitter.com/ja/products/promoted-tweets より）
5）　「トレンドは現在 Twitter で話題になっているトピックです。トレンドはユーザーのタイムラインの横に目立つように表示されるので、非常に多くの人々の目に触れます。」（https://biz.twitter.com/ja/products/promoted-trends より）
6）　https://2012.twitter.com/en/golden-tweets.html

7) https://about.twitter.com/company
8) 総務省情報通信政策研究所、「平成26年　情報通信メディアの利用時間と情報行動に関する調査〈概要〉」、2015
9) 既に利用されているアカウント名は利用できない。
10) 他のアカウントが発信したツイートを読む方法としては、フォローする以外にも、直接そのアカウントのタイムラインを表示させる、もしくはフォローせずにリストに登録することによっても閲読することもできる。また、非公開設定のアカウントをフォローするには、そのアカウントの利用者の承認が必要となる。
11) ツイッター社に数は明記されていないが、一日にフォローできる上限が存在し、それを超えるフォローを行おうとすると、アカウントが凍結されることがある。
12) スペースも1文字としてカウントされる。また、この140字はバイト数に関係なく140文字まで許容されている。一部報道で文字数制限を1万字に拡大という情報が2016年1月に流れており、今後、文字制限に関しては変更が行われる可能性もある。
13) 画像リンクのURLも文字数としてカウントされる（2016年5月に方針変更が示された）。
14) もともと短縮URLサービスは他社によって提供されていたが、2010年夏頃に20文字を超えるURLに対してt.coで短縮URLに自動変換するTwitter公式機能が導入された。2011年3月頃にTwitterのツイート内に含まれるすべてのURLをt.coで短縮URLに自動変換するようになった。
15) ダイレクトメッセージも文字数の上限は2015年8月まで140文字であった。
16) Application Programming Interface。APIとはソフトウェアやプログラムが互いにやり取りをするための仕様。
17) http://www.janetter.net/jp
18) http://sites.google.com/site/tweentwitterclient/
19) http://twipple.jp/
20) これはグーグルがパーソナライズ検索を強化したことと深く関係する。
21) フェイスブックも一方向のフォロー関係を2011年9月に導入した。
22) Watanabe & Suzumura (2013) では、2012年9月データで、4億6,500万利用者の28.7億の利用者間関係が分析され、片方向フォロー率は80.5%とわずかに増加した。
23) ここでは時間帯設定を日本標準時にしている利用者を指す。
24) 日本語では2010年1月に公式RT機能が実装された。ただしPC版のみ。
25) 1位からインドネシア、ベネズエラ、メキシコであった。逆に低かったのは順に、ドイツ、インド、ロシア。
26) 互いを知る利用者がどれだけネットワーク中に存在するかという概念。多くのユーザー同士が相互に知り合いであれば、ネットワーク密度は高くなる。それを計る指標がクラスタリング係数で、0から1までの値をとり、1に近ければネットワーク密度が高くなる。1の場合はすべての利用者同士が知り合いである（つながっている）状態となる。
27) 単線的時間の1位から順に、アイルランド、ドイツ、日本。逆に複線的時間の1位から順に、メキシコ、インドネシア、ブラジルであった。
28) この若者のツイッター利用については、佐々木（2014）を参照のこと。
29) 2016年2月に「重要な新着ツイートをトップに表示」する機能がリリースされた。この機能を利用することで、利用者がフォローしているアカウントのツイートの中からもっとも重要だと機械的に推測されるツイートが新しいものから順番にタイムラインの一番上に表示される（Twitter, 2016b）。
30) 具体的な因子分析の手法は、反復主因子法で抽出し、カイザーガットマン基準で因子数を決定し、プロマックス回転後にいずれの因子に対しても因子負荷量の低い項目または複数の因子に対して因子負荷量が高い項目を除外して、最終的な決定を行った。
31) それぞれの項目間で統計的にみても有意差が認められる。

❷章
ツイッター上のネットワーク

　本章では、ツイッターにおける集団・社会のカスタマイズ可能性と深く関連するツイッター上のネットワークについて理解を深める。ツイッター上のネットワークはフォローとフォロワーから構成され、それはツイッターでの情報流通、コミュニケーションのチャネルとなる、ツイッターの基層である。

第一節　情報ネットワークと対人交流ネットワーク

　ツイッターの利用動機は、大別すれば情報ニーズにもとづくもの、つまり娯楽と情報獲得、そして対人交流ニーズにもとづくもの、つまり既存社交とオンライン人気獲得とになる。情報と対人交流という大別は、情報ネットワークなのか、ソーシャルネットワークなのかという論点として、ツイッター研究ではしばしば論じられるものである。この論点は、有向グラフ型ネットワークシステムという特徴によって、ネットワーク論の観点から議論の対象となってきた。
　この議論に大きなインパクトをもたらしたのが、クワックら (Kwak et al., 2010) の研究である。彼らは「ツイッターとは何か、ソーシャルネットワークかニュースメディアか？」と題する論文で、この問題を論じた。クワックらが2009年に収集したデータでは、利用者間の関係において77.9％が一方向的な関係であり、相互フォローの関係は22.1％にとどまった。有向グラフ型であるフリッカー (Flickr) のコンタクトネットワークにおける68％ (Cha et al., 2009) やYahoo!360における84％ (Kumar et al., 2010) という数字に比べると、22.1％という数字は低いと言わざるをえない。また、クワックらによればツイッター利用者の67.6％は、相互フォロー関係を持たない。クワックらはまた、その論文で4,262のトピックを収集し、ツイッター利用者はヘッドラインニュースのトピックについて語ったり、最新ニュースに反応したりする傾向を明らかにし

ている。こうしたことから、クワックらはツイッターのもつ「情報共有の新しいメディア」という側面を強調する。

こうした側面はツイッターの初期モデルを考案し、共同創設者として知られるジャック・ドーシー（@jack）もツイッターの9周年に関するツイートの中で指摘している[1]。ドーシーは、ツイッターが成長しえた理由の一つに、早い段階でジャーナリストがツイッターに参入し、彼らがツイッターを情報源として利用し、ニュース発信や仕事につなげるツールとして利用したことを挙げた[2]。

こうした情報ネットワークとしての利用がツイッターにとって重要であることは間違いないだろう。しかし、それだけではない。相互フォロー率に関して言えば、クワックらのデータには非アクティブなアカウントも含まれていると考えられ、アクティブなアカウントに限ればもう少し高くなる。例えば、ツイッターの初期の研究として知られる、ジャヴァら（Java et al., 2007）による論文では、2007年時点の相互フォロー率は58％であった。

ツイッター社のマイヤーズら（Myers et al., 2014）も2012年の後半におけるツイッターのアクティブなアカウントの分析にもとづいて、ツイッターは情報ネットワークでもあり、ソーシャルネットワークでもあるという主張を行った。主張の前半はクワックらやドーシーの主張と共通しているので、ここでは主張の後半の根拠を記そう。マイヤーズらは、アクティブなアカウントのもつ関係のうち、42％が相互フォローであることを報告している。また、彼らはアクティブなアカウントのうち、75％が三つ以上の相互フォローを持っていることも報告している。ソーシャルネットワークは高いクラスタリング係数をもち（Watts, 2003 辻・友知訳, 2004）、ツイッターの相互フォロー関係のクラスタリング係数はフェイスブックよりも低いが、MSNメッセンジャーよりは高い。

こうした特徴が、マイヤーズらがツイッターはソーシャルネットワークでもあると主張する根拠であり、日本のツイッター利用に関してはさらにその部分が強調される。マイヤーズらは米国、ブラジル、日本のアカウントに分けて分析を行い、そこでは日本は相対的に相互フォロー率もクラスタリング係数も高かった（Myers et al., 2014）。

ツイートの内容に関しても、ツイッターのソーシャルネットワーク的側面を浮かび上がらせる分析結果が多数報告されている。例えばジャヴァら（Java et al., 2007）は利用者の主な意図として、情報ネットワーク的側面に関わる「情報の共有」「ニュースの報告」と、ソーシャルネットワーク的側面に関わる「日々のおしゃべり」「会話」の四つが存在することを報告している。また、第1章でも取り上げたように、ナーマンら（Naaman et al., 2010）は投稿内容の分析から、ツイッター利用者が「インフォーマー」と「ミーフォーマー」に分類でき、前者が20％、後者が80％であったことを報告している。

　こうした傍証が示すように、ツイッターには情報ネットワーク的側面と、ソーシャルネットワーク的側面（対人交流ネットワーク的側面）の両方がみられる。確かに、クワックら（Kwak et al., 2010）が強調するように、ツイッターは情報ネットワークの側面がある。利用動機の観点からみても、情報ネットワーク的側面に関わる動機のほうが、対人交流ネットワーク的側面に関わる動機よりも強い。しかし、これまでみてきたように、対人交流もツイッター利用の主目的として無視できないのである。ボイド（boyd, 2014　野中訳, 2014, p.64）が述べるように、あるサイトの利用形態を規定するのはその技術的特徴というよりも、そのサイトと利用者の相互作用であり、ソーシャルメディアの行動規範はネットワーク効果によって形づくられるという視点は重要である。

第二節　フォローネットワークの構成とツイッター利用動機(1)

1　フォロー数とフォロワー数

　SNSとしてみたときのツイッターの大きな特徴は、そのソーシャルグラフが有向グラフである、つまり非対称ネットワークという点である。例えばFacebookの「友達」は一方が友達申請を行い、それを受けた側が申請を承認すると、それぞれの投稿が双方のニュースフィードに表示されるようになる。しかし、ツイッターの場合は公開アカウントであれば相手の承認なしにフォローでき、相手のツイートが継続的に自分のホームタイムラインに現れる。したがって、ツイッター上のネットワークを考えていくときには、「フォロー」と「フォロワー」を分けて考える必要がある。

　われわれの第1調査におけるフォロー数とフォロワー数は表2-1のような

表2-1 フォロー数とフォロワー数の平均値、標準偏差、分位点

	平均	標準偏差	最小	p10	p25	p50	p75	p90	最大
フォロー数	264.32	1661.92	1	8	22	63	163	437	51912
フォロワー数	352.78	3551.97	0	3	10	41	140	410	115914

N=1,559　　　　　　　　　　　　　　　　　　　　　　　　　　　（第1調査）

特徴を有していた（表中の「pX」はXパーセンタイル点を表している）。フォロー数の平均値は264.32であるのに対し、フォロワー数の平均値は352.78とフォロー数よりも大きい。しかし、中央値（p50）に着眼すると、フォロー数は63であるのに対し、フォロワー数は41とフォロー数よりも小さい[3]。

表2-1に示したフォロー数、フォロワー数ともに右に裾の長い分布形状となっている。ネットワークサイズの分布は一般に右に裾の長い「ベキ分布」に従うことが知られており（Barabasi, 2002　青木訳, 2002）、ツイッターでもその特徴がみられることは様々な研究で示されている（例えばKwak et al., 2010; Myers et al., 2014）。

ウィルコクソンの符号順位検定にもとづくと、フォロワー数よりフォロー数のほうが有意に大きい（$z=18.49, p<.001$）。今回の対象者は少なくとも1つ以上のアカウントをフォローしていることを条件にしたが、2.95％のアカウントがフォロワーをもっていなかった。フォロー数は利用者の意思で上限に達しない限り増やすことができるが、フォロワー数は自分の意思では増やせない。そのため、フォロワー数よりもフォロー数のほうが大きくなりやすい。

2　相互フォロー率とクラスタリング係数

ツイッターが情報ネットワークなのか対人交流ネットワークなのかを判断する手がかりとして用いられる指標が相互フォロー率とクラスタリング係数である。

相互フォローとはAとBが互いにフォローし合っている状態を指す。ツイッターでは各ツイッターアカウントのプロフィールから各アカウントのフォローリストとフォロワーリストが閲覧でき、そのフォローリストとフォロワーリストを照合すれば、相互フォロー、一方的フォロー、一方的フォロワーを抽

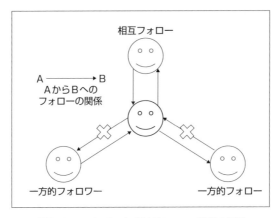

図2-1　ツイッターにおけるフォロー関係の分類

出できる（図2-1）。この分類に従えば、フォロー数は相互フォロー数と一方的フォロー数の和、フォロワー数は相互フォロー数と一方的フォロワー数の和である。先行研究のようなソシオセントリックな分析（ホールネットワークの分析）では全リンクに占める相互フォローリンクの割合として定義されるが、エゴセントリックネットワーク[4]の分析では、相互フォロー率はフォロー数に占める相互フォロー数の割合として定義できる。

クラスタリング係数はスモールワールドネットワークの数理モデル（Watts & Strogatz, 1998）で知られるようになった指標である。クラスタリングとは、例えば、自分の友人がある程度相互に友人でもある状態をいう（Watts 2003 辻・友知訳, 2004）。つまり、クラスタリング係数はエゴセントリックネットワークにおける密度を表し、グラフ全体でのクラスタリング係数の平均値がホールネットワークにおけるクラスタリング係数として扱われる（鈴木, 2009）。

第1調査における相互フォロー率の平均値は0.464（標準偏差 0.282）、クラスタリング係数（Fagiolo, 2007）の平均値は0.093（標準偏差 0.104）であった。ジャヴァら（Java et al., 2007）の報告では相互フォロー率が0.58、クラスタリング係数が0.106であったので、上記の数値はいずれもやや小さめである。相互フォロー率は、クワックら（Kwak et al., 2010）の0.221やマイヤーズら（Myers et al., 2014）の0.42より高い。

3　フォロー数、フォロワー数とツイッター利用動機の関係

　四つのツイッター利用動機、つまりオンライン人気獲得動機、娯楽動機、既存社交動機、情報獲得動機のうち、情報ネットワークか対人交流ネットワークかという議論にあてはめれば、娯楽動機と情報獲得動機の二つが情報ニーズ的利用動機と考えられる。それに対して、オンライン人気獲得動機と既存社交動機が対人交流ニーズに支えられたツイッター利用動機に含まれよう。

　ツイッターの仕組みを考えれば、他のアカウントをフォローしなければホームタイムラインにツイートが流れてこないため、ツイッターを通して情報に接触することが難しくなる。それに対して、他のアカウントからフォローされなければ、つまりフォロワーがいなければ、自分の投稿を読んでもらうことが難しくなるため、対人的な交流を達成することが難しくなると考えられる。

　また、先行研究によって前提とされていたように、ツイッターが対人交流ネットワークとして利用されているならば、相互フォローが行われると考えられる。すでに確認したように、平均的にみてフォロワー数よりもフォロー数のほうが多くなりがちであるが、相互フォローが行われるのであれば、フォロー数とフォロワー数が均衡しやすくなると考えられる。つまり、対人交流ネットワークとしてツイッターが使われているのであれば、平均的な場合よりもフォロワー数が相対的に多くなりやすいと考えられる。一方で、ツイッターが情報ネットワークとして利用されているのであれば、その反対に平均的な場合よりもフォロー数が相対的に多くなりやすいと考えられる。

　こうした前提に立つと、次の二つを基本的仮説として立てることができよう。
　（１）　H1　情報ニーズ的利用動機が高いほど、フォロー数が多い。
　（２）　H2　対人交流ニーズ的利用動機が高いほど、フォロワー数が多い。
上記の二つの仮説は、それぞれさらに二つの仮説に分けられる。
　（１）　H1-1　娯楽動機が高いほど、フォロー数が多い。
　（２）　H1-2　情報獲得動機が高いほど、フォロー数が多い。
　（３）　H2-1　オンライン人気獲得動機が高いほど、フォロワー数が多い。
　（４）　H2-2　既存社交動機が高いほど、フォロワー数が多い。
　これらの仮説を検証するために、重回帰分析を用いてツイッター利用動機と

フォロー数、フォロワー数との関係を分析した。重回帰分析とは数量的に表される一つの変数を従属変数とし、他の複数の独立変数によって予測式を作る多変量解析の一つである。この分析方法では他の独立変数の影響を統計的に統制した上で、注目する独立変数と従属変数の単独の効果をみることができる。

以下では、フォロー数とフォロワー数のそれぞれを従属変数とした分析を行った。フォロー数とフォロワー数は正規分布から外れた、右に裾の長い分布形状をしているため、ここでは1を加えて自然対数変換を行い、それを従属変数とした。以下、元の変数に1を加えて自然対数変換を行った変数には、変数名の後に（対数）と付記する。

独立変数は四つのツイッター利用動機である。その他に性別（女性を1とするダミー変数）、年齢層（20〜24歳を比較カテゴリーとした、25〜29歳、30〜34歳、35〜39歳の三つのダミー変数）を基本的社会属性として、アカウント作成から調査時点までの月数をツイッター利用期間として、それぞれ統制変数に加えた。従属変数がフォロー数（対数）である場合にはフォロワー数（対数）を、従属変数がフォロワー数（対数）である場合にはフォロー数（対数）を統制変数として重回帰分析に加えた（表2-2）。

まず、フォロー数とフォロワー数の間に強い正の関係がみられた。単相関でみても対数変換前のスピアマンの順位相関係数は0.88、対数変換後の積率相関係数は0.87と、強い正の相関を示した。その関係は重回帰分析の結果でも変わらない。一般的にフォロー数が大きいほどフォロワー数は大きく、フォロワー数が大きいほどフォロー数も大きい。

利用期間の長さは、フォロー数に対しては有意な負の係数、フォロワー数に対しては有意な正の係数であった。フォロー数に対する利用期間の負の係数は、フォロワー数を独立変数に加えた場合にみられるものであり、フォロワー数が一定である場合には利用期間が長いほどフォロー数が小さい傾向にあるといえる。

ツイッター利用動機とフォロー数の関係に関しては、娯楽動機、既存社交動機、情報獲得動機に係数の有意性が認められた。まず、娯楽動機と情報獲得動機に関してはそれぞれ有意な正の係数であった。つまり、フォロワー数が一定であれば、ツイッターの利用動機として、娯楽をもとめる気持ちが強いほどより多くのアカウントをフォローし、情報をもとめる気持ちが強いほどより多く

表2-2　フォロー数とフォロワー数に関する重回帰分析

従属変数：		フォロー数 （対数）	フォロワー数 （対数）
		標準偏回帰係数（β）	
性別（女性ダミー）		−0.02†	−0.02
年齢層	25〜29歳	0.04*	−0.06***
（比較：20〜24歳）	30〜34歳	0.01	−0.04**
	35〜39歳	0.03†	−0.05***
フォロー数（対数）			0.82***
フォロワー数（対数）		0.88***	
利用期間（月）		−0.08***	0.15***
オンライン人気獲得		0.00	0.04*
娯楽		0.07***	−0.03
既存社交		−0.08***	0.09***
情報獲得		0.09***	−0.07***
人数		1,559	1,559
F値		537.49	585.02
調整済み決定係数		0.77	0.79

***p<.001, **p<.01, *p<.05, †*p*<.10

のアカウントをフォローしようとする。こうした結果は、H1-1、H1-2をそれぞれ支持する。

　これはツイッターの基本仕様を考えても合理的である。ツイッターでは他のアカウントをフォローしなければ自分のホームタイムラインに他のアカウントによるツイートが表示されない。多くの情報を入手するためにフォロー数を増やすことは合理的行為であるし、娯楽として考えても暇つぶしになるようなツイートが流れてくるようにフォロー数を増やすことは自然な行為といえよう。

　一方、既存社交動機はフォロー数との関係では有意な負の係数であった。つまり、既存の友人・知人との関係を維持し、既存の友人・知人とツイッターで交流したりする目的が強いほど、フォロー数が小さくなる傾向がある。この点については、次のフォロワー数の分析結果と合わせて検討しよう。

　フォロワー数の分析結果（表2-2）から、フォロワー数とツイッター利用動機の関係を整理しよう。オンライン人気獲得動機、既存社交動機、情報獲得動機に係数の有意性が認められた。オンライン人気獲得動機、既存社交動機は、それぞれ有意な正の係数であった。この結果はH2-1、H2-2をそれぞれ支持する。オンライン人気獲得動機はツイッター上で人気を得たい、自分の意見

を知ってもらいたいという気持ちを含むものであり、この動機が強いほどフォロワー数が大きくなるということは、ツイッターを通じて動機を充足していると考えられる。

　既存社交動機は友人・知人との交流のために双方向ネットワークを形成する可能性が高い。ツイッターではフォローが非対称になっているものの、返報性の原理によりフォローしてきた相手をフォローし返すことはしばしばみられ、既存の友人・知人であればフォローの返報性はより生じやすいだろう。したがって、既存社交動機が強い場合には、フォロワー数を増やすことになるだろう。フォロー数の分析結果で確認したように既存社交動機が強い場合にはフォロー数も少なくなる。平均的にみればフォロワー数に比べてフォロー数が多い傾向にあるため、既存社交動機が強い場合にはフォロー数とフォロワー数が均衡する傾向にあると考えられる。友人・知人との交流のためにツイッターを使う場合には、特にツイッター上のネットワークを双方向的ネットワークにする傾向がある。

　一方、情報獲得動機に関しては有意な負の係数であった。つまり、情報獲得動機が強いほど、フォロー数に比してフォロワー数が少ない。ツイッター上にはニュース配信のアカウントや芸能人・有名人のアカウント、キュレーション活動（佐々木，2011）を行うアカウントが存在し、ツイッターを情報獲得メディアたらしめている。情報獲得動機の強い利用者はこうしたアカウントをフォローする可能性が高く、それはウェブログにおける RSS フィード購読と似ている。フォロー数の分析では情報獲得動機が強いほど、フォロワー数に比してフォロー数が多い傾向があるため、二つの分析結果を合わせれば、情報獲得動機が強いほど、ツイッター上のネットワークを一方的フォローによるネットワークで形成する傾向にあるといえる。

4　相互フォロー率、クラスタリング係数とツイッター利用動機の関係

　ツイッター社のマイヤーズら（Myers et al., 2014）がツイッターを情報ネットワークでもあるが対人交流ネットワークでもあるとの主張で着眼した指標が相互フォロー率とクラスタリング係数である。ツイッターが対人交流ネットワークとして利用されているならば、相互フォロー率もクラスタリング係数も高い

はずと考えられる。

マイヤーズら（Myers et al., 2014）はツイッターが情報ネットワークとして機能していることを否定していない。つまり、相互フォロー率の高さとクラスタリング係数の高さはツイッターが必ずしも情報ネットワークであることを否定する証拠とはならない。だが、マイヤーズらの分析はホールネットワークに関するものであり、個人レベルでの相互フォロー率とクラスタリング係数の高さはツイッターの情報ネットワーク的利用を否定する証拠と考えてもよいだろう。

つまり、情報ニーズにもとづくツイッター利用動機は相互フォロー率とクラスタリング係数のそれぞれと負の関係にあると考えられる（H3）。一方で、対人交流ニーズにもとづくツイッター利用動機は相互フォロー率とクラスタリング係数のそれぞれと正の関係にあると考えられる（H4）。この両仮説は、以下のように細分化できよう。

（1）H3-1-1　娯楽動機が高いほど、相互フォロー率は低い。
（2）H3-1-2　娯楽動機が高いほど、クラスタリング係数は低い。
（3）H3-2-1　情報獲得動機が高いほど、相互フォロー率は低い。
（4）H3-2-2　情報獲得動機が高いほど、クラスタリング係数は低い。
（5）H4-1-1　オンライン人気獲得動機が高いほど、相互フォロー率は高い。
（6）H4-1-2　オンライン人気獲得動機が高いほど、クラスタリング係数は高い。
（7）H4-2-1　既存社交動機が高いほど、相互フォロー率は高い。
（8）H4-2-2　既存社交動機が高いほど、クラスタリング係数は高い。

以上の仮説を検証するため、相互フォロー率とクラスタリング係数を従属変数とした重回帰分析を行った。なお、相互フォロー率もクラスタリング係数もフォロワーではなくフォローの方向に関する指標であることから、フォロー数（対数）のみを統制変数とした。フォロー数（対数）はモデル1では分析から除外し、モデル2では統制変数として加えた（表2-3）。

表2-3に示された分析結果から、仮説を検討する。モデルを問わず、既存社交動機が相互フォロー率、クラスタリング係数と有意な正の関係にあり、情報獲得動機は相互フォロー率と有意な負の関係にあった。つまり、H3-2-1およびH4-2-1、H4-2-2が支持された。H3-2-2に関しては、モデ

表2-3 相互フォロー率とクラスタリング係数に関する重回帰分析

従属変数：		相互フォロー率		クラスタリング係数	
		モデル1	モデル2	モデル1	モデル2
			標準偏回帰係数（β）		
性別（女性ダミー）		−0.06*	−0.02	−0.10***	−0.11***
年齢層	25〜29歳	−0.15***	−0.13***	0.05	0.04
（比較：20〜24歳）	30〜34歳	−0.13***	−0.11***	0.07*	0.06*
	35〜39歳	−0.16***	−0.14***	0.08*	0.07*
フォロー数（対数）			0.27***		−0.13***
利用期間（月）		0.09***	0.04	−0.16***	−0.14***
オンライン人気獲得		0.03	−0.01	−0.05	−0.03
娯楽		0.09**	0.05	−0.04	−0.01
既存社交		0.31***	0.31***	0.09*	0.08*
情報獲得		−0.20***	−0.23***	−0.06†	−0.04
人数		1559	1559	1559	1559
F値		32.58	43.80	7.83	9.25
調整済み決定係数		0.15	0.22	0.04	0.05

***p<.001, **p<.01, *p<.05, †*p*<.10

1においてのみ、情報獲得動機とクラスタリング係数の間に10％水準で有意な負の関係がみられ、弱いながらも支持された。

情報ネットワークか、対人交流ネットワークかという論点において、後者の対人交流ネットワークにはオンラインでの対人交流も、オフラインでの関係にもとづく対人交流を含んでいると考えられるが、狭義にはオフラインでの関係にもとづく対人交流のみになると考えられる。その意味で、H4-2（H4-2-1とH4-2-2）が支持された一方で、H4-1（H4-1-1とH4-1-2）が支持されなかったことは、相互フォロー率とクラスタリング係数の高さは狭義の、つまりオフラインでの関係にもとづく対人交流ネットワークとしての利用で現れるネットワーク構成の特徴であるといえよう。そして、既存社交動機が高いほど、フォローネットワークを双方向的なものにし、さらに密度の高める傾向がある。

そして、情報ネットワーク的利用についても、娯楽的情報接触をもとめる利用も含まれると考えられるが、狭義には有用な情報の獲得を目的とした利用になると考えられる。情報獲得動機は相互フォロー率と負の関係にあり、モデル2では有意ではなかったものの、統制変数からフォロー数（対数）を外したモ

デル1では情報獲得動機とクラスタリング係数にも10％水準で有意な負の関係がみられた。この点で、個人レベルでの相互フォロー率とクラスタリング係数の高さは個人のツイッターの（狭義の）情報ネットワーク的利用を否定する証拠とみなしうる。つまり、情報獲得動機が高いツイッター利用者ほど、フォローネットワークを一方向的なものにし、密度の低いものにする傾向があるといえる。

相互フォロー率とクラスタリング係数の違いを既存社交動機、情報獲得動機との関係からみると、それぞれが2者間関係と3者間関係でみた指標である点が重要だと考えられる。すなわち、2者間レベルの関係においては当人の意図が介在しやすいが、3者間レベルの関係、特にクラスタリング係数のような当人以外の2者間での関係の有無に当人の意図は間接的に関わりうることはあっても、直接的な介在は難しい。表2-3に示した結果でも両者に対して有意な正の関係があった既存社交動機であっても、相互フォロー率に対する分散説明率は5％であったのに対し、クラスタリング係数に対しては0.35％に過ぎなかった[5]。しかし、クラスタリング係数のような当人以外の2者間での関係の有無によって決まる指標であっても、その分散の0.35％をそのネットワークのエゴの心理変数によって説明しうるとも言える。

娯楽動機に関してはフォロー数（対数）を分析から除外したモデル1では、相互フォロー率に対して有意な正の係数が得られた。こうした点で、娯楽動機に関しては、情報ニーズに支えられた利用動機とは考えにくい側面がある。以上の結果をもとに、ツイッター利用動機とネットワーク構成について先行研究を踏まえた検討をしよう。

第三節　情報ニーズと対人交流ニーズのツイッター利用動機

1　情報ネットワークにおける論点——道具性とコンサマトリー性

池田（1988）は「情報を得る」ことに動機づけられた行動を「情報の取得を一つの手段とする」場合と「情報の取得という行動自体が目的の達成と直結する」場合とに分け、前者を「道具性の情報ニーズ」、後者を「コンサマトリー

性の情報ニーズ」と呼んだ。彼は「利用と満足」研究における「環境監視」の情報ニーズは道具性の情報ニーズに属するとしている。それ以外にも何らかの行為を起こすための情報ニーズ、自己の信念を強化する情報へのニーズ、「自己実現」のための情報ニーズ、対人的有用性に関する情報ニーズが道具性の情報ニーズに含まれると説明する。一方、「利用と満足」研究における「気ばらし」や「娯楽」への情報ニーズは、コンサマトリー性の情報ニーズに含まれると説明する。

ツイッターの利用動機には情報獲得動機と娯楽動機が含まれ、四つの利用動機のうち、これら二つが相対的に強い。この二つの利用動機はオンラインコミュニティ（Ishii, 2008）やフェイスブックグループの「利用と満足」研究でも見出されていて（Park et al., 2009）、インターネットの「利用と満足」における主要要素といえる。この二つはそれぞれ池田（1988）のいう「道具性の情報ニーズ」と「コンサマトリー性の情報ニーズ」に対応する。

柴内（2014）が論じるように、インターネットの普及は情報入手手段であるウェブに後押しされたのが実際であろう。インターネットはニュース、娯楽などの情報媒体であり、伝統的なマスメディアの代替物、補完物としての役割も大きいといえる。ツイッターも、程度の差こそあれ、ニュースや娯楽などの情報源としての役割を担っている。

そうした情報ニーズを充足するのが、タイムラインに流れてくるツイートである。タイムラインに表示されるツイートはどのアカウントをフォローするかに規定される。したがって、情報ニーズにもとづく利用動機が高いほどフォロー数も多くなる。しかしながら、コンサマトリー性の情報ニーズにもとづく利用動機と考えられる娯楽動機は、相互フォロー率との間に有意な正の関係が示されている。相互フォロー率の高さがツイッターのソーシャルネットワーク的利用の証拠であることを踏まえると、この結果は予測と逆のものであった。

池田（1988）の議論を参照すると、テレビのコンサマトリーな利用形態にパラソーシャルな（擬似社会的）相互作用機能があることになる。トークショー番組視聴を例にすると、視聴者はトークショーの第三者としてそこでの「会話」を楽しみ、「ゴシップ」を身近なものと感じることで満足感を得ている（池田, 1988）。こうした議論から、情報ネットワークとしてのツイッターと対人交流ネットワークとしてのツイッターとは、完全に独立したものではないという見

方ができる。特に娯楽的ニーズに関しては、コンサマトリー的コミュニケーション（池田，2000）によっても充足されうる。こうした観点と、娯楽動機が高いほど、フォロー数が多く、フォロー数を媒介にして相互フォロー率が高いという結果とを踏まえれば、娯楽動機が高いほど、相互フォロー数が多く（H5-1）、一方的フォロー数も多い（H5-2）と考えられる。

情報獲得動機は道具性の情報ニーズにもとづくことから、ツイッターにおけるネットワーク構成でも「情報源の確保」志向として現れると考えられる。情報獲得動機が高いほどフォロー数が多く、相互フォロー率が低いことを考えると、情報獲得動機が高いほど相互フォロー数が少なく（H6-1）、一方的フォロー数が多い（H6-2）と考えられる。

2　対人交流ネットワークにおける論点──バーチャルと現実の対人関係

インターネット利用と対人関係の研究において、大きなインパクトをもたらしたのがクラウトら（Kraut et al., 1998）の「インターネットパラドクス──社会的関わりや精神的健康を損なう社会的技術か？」と題された論文である。この論文のもとになったホームネット研究（HomeNet Research）は1995年から1997年に、ピッツバーグにおけるインターネット利用経験のない93世帯に、インターネットに接続したコンピュータを無償配布して行われた社会実験である。クラウトらはこの研究から、インターネット利用量の多さが、家族とのコミュニケーションや近隣・遠隔の社会的ネットワーク規模を減少させ、精神的健康を阻害する（孤独感・抑うつ感を高める）という因果関係を発表した。

彼らの研究は社会的インパクトも大きく、多数の追試・検討を引き起こした。だが、それらの研究で結果は一貫していない（高比良，2009）。例えば、クラウトら（Kraut et al., 2002）が当初の研究期間後に行った追跡調査や、その追跡調査と同時期に行った別サンプルの調査でも、当初の結果は支持されなかった。別サンプルの調査ではむしろ、インターネット利用量が多いほど、近隣・遠隔の社会的ネットワーク規模を拡大していた。

「インターネットパラドクス」に関わる議論で、取り上げられた論点の一つはインターネットを通じたコミュニケーションが、バーチャルな関係と現実の関係のどちらにもとづくのかという問題である。クラウトら（Kraut et al.,

1998) は最初の論文で「インターネットパラドクス」が示されたことについて、「強い紐帯の置換」という解釈を採用している。クラウトらは調査対象者へのインタビューをもとに、インターネットで行われるコミュニケーションの多くは、オンラインで初めて知った人との間の、つまりバーチャルな関係におけるものであったために「インターネットパラドクス」が生じたと解釈した。そして、フォローアップの別サンプル調査で反対の結果が得られたことについて、インターネットの普及にともない、現実でも関係のある人とインターネットでコミュニケーションできるようになったことがその要因であると解釈している。

　クラウトら（Kraut et al., 2002）はインターネット利用と対人関係に関して、「富める者はますます富む」という仮説、つまり「外向的で既存の社会的資源を持つ人はインターネット利用によって、ますます社会的な利益を得るようになる」という仮説を支持している。これは、「マタイ効果」（Merton, 1968）の一種であり、オフラインで社会的ネットワークを発達させた人たちがオンラインで社会的ネットワークをより拡張させるという仮説である。これは「社会的拡張」仮説とも呼ばれる（Zywica & Danowski, 2008）。この仮説と対比されたのが「社会的補償」仮説、つまり社会的資源を持たない人々がオンラインという新しいコミュニケーション機会を使って他者との関係を形成し、社会的支援を得る（McKenna & Bargh, 1998）という仮説であるが、クラウトらはこれを排した。

　しかし近年のSNS研究では、社会的補償仮説を支持する主張もみられる。例えば、エリソンら（Ellison et al., 2007）は大学生を対象に、フェイスブック利用が社会関係資本、とりわけ橋渡し型社会関係資本と強い関連を持つこと、特にその関係が生活満足度や自尊心の低い大学生においてみられることを示した。ボイド（boyd, 2008）は10代の若者にインタビューを行い、マイスペースやフェイスブックはオフラインではできない交流を成し得る場としても機能していることを見出している。

　日本でも、社会的補償仮説を支持する研究がある。例えば、小寺（2009）はミクシィを利用する大学生に行った調査から、ミクシィ利用の効用には「既存の関係の強化」「知識・情報獲得」の他に「新たな出会い」があることを見出している。ツイッターに関しては、石井（2011）がフェイスブックやミクシィのような「強いつながりのSNS」と比較して、ツイッターは「弱いつながりのSNS」であり、利用頻度は多いものの、既知の対人関係との結びつきは弱

いことを示している。

　ツイッターの場合、フォローイングとフォロワーの区別が社会的補償仮説との関係で重要になる。SNS において「友達」の数は「人気」の指標として認識されやすく（Zywica & Danowski, 2008）、フォロワーは「人気」の指標として機能しやすい（Cha et al., 2010; Kwak et al., 2010）。ツイッター利用者のなかにはフォロワー数を増やすためにフォロー返しを期待してフォロー数を増やす戦略を取る人もいる（Anger & Kittl, 2011）。

　これらの知見は、SNS において「現実の関係」だけでなく「バーチャルな関係」も存在することを示している。相対的にみると、ツイッターでも既存の人間関係、つまり「現実の関係」との交流のほうが優勢ではあるものの、他の SNS と比べればツイッターは「弱いつながりの SNS」といえる。だが、石井（2011）が「強いつながりの SNS」と呼ぶフェイスブックでも、社会的拡張仮説と社会的補償仮説のどちらがあてはまるのかは、利用者によって異なる（Zywica & Danowski, 2008）。

　既存社交動機は、既存の友人・知人との交流をツイッター上でも行うことを求める動機であり、社会的拡張仮説があてはまると考えられる。つまり、既存社交動機の高い人のツイッター利用はオフラインでの人間関係と結びついていると考えられる。すでに確認したように、既存社交動機が高いほど、フォロワー数が多く、相互フォロー率が高い。これらを総合すれば、既存社交動機が高いほど、相互フォロー数が多く（H7-1）、一方的フォロー数が少ない（H7-2）と考えられる。

　オンライン人気獲得動機が強いほどフォロワー数は多いが、相互フォロー率との間には有意な関係がみられなかった。つまり、オンライン人気獲得動機が高い人ほど一方的フォロワーが多い（H8-1）。オンライン人気獲得動機が高い人に社会的補償仮説があてはまるのだとすれば、オンライン人気獲得動機が高いほどツイッター上で関係構築を行うと考えられる。ツイッター上で関係構築を開始する段階として一方的フォローがあり、そこから相互フォローへと発展するのだとすれば、オンライン人気獲得動機が高いほど、相互フォロー数も多く（H8-2）、一方的フォロー数も多い（H8-3）。

第四節　フォローネットワークの構成とツイッター利用動機(2)

1　相互フォロー、一方的フォロー、そして一方的フォロワー

　フォロー数とフォロワー数を、相互フォロー数、一方的フォロー数、一方的フォロワー数に細分化した上で、全体像を確認しておこう（表2-4）。
　相互フォロー数、一方的フォロー数、一方的フォロワー数でみても、それぞれがベキ分布に従う点は変わらない。ボンフェローニの調整を行い、ウィルコクソンの符号順位検定によって、相互フォロー数、一方的フォロー数、一方的フォロワー数を相互に比較した結果、相互フォロー数と一方的フォロー数には有意差は認められなかったが、一方的フォロワー数は他の二つに比べて有意に小さかった。相互フォローを持たない利用者は5.90％、一方的フォローを持たない利用者は2.12％であったのに対し、一方的フォロワーを持たない利用者は12.19％であった。

2　三つのネットワークサイズとツイッター利用動機の関係

　ネットワークサイズは右に裾の長い分布に従う特徴があり、それは相互フォロー数、一方的フォロー数、一方的フォロワー数に関しても同様である（表2-4）。したがって、この分析でも相互フォロー数（対数）、一方的フォロー数（対数）、一方的フォロワー数（対数）を従属変数として用いる。性別、年齢層、利用期間（月）を統制変数とした上で、ツイッター利用動機との関係を検討した（表2-5）。

表2-4　相互フォロー数、一方的フォロー数、一方的フォロワー数の記述統計量

	平均	標準偏差	最小	p10	p25	p50	p75	p90	最大
相互フォロー数	177.71	1467.87	0	1	6	26	87	260	47176
一方的フォロー数	86.61	301.93	0	3	10	27	68	172	8583
一方的フォロワー数	175.07	3199.64	0	0	2	9	34	108	115542

N=1,559

表2-5 相互フォロー数、一方的フォロー数、一方的フォロワー数に関する重回帰分析

従属変数：		相互フォロー数 （対数）	一方的フォロー数 （対数）	一方的フォロワー数 （対数）
			標準偏回帰係数（β）	
性別（女性ダミー）		−0.13***	−0.09***	−0.08**
年齢層	25〜29歳	−0.11***	0.01	−0.08**
（比較：20〜24歳）	30〜34歳	−0.12***	−0.02	−0.07*
	35〜39歳	−0.11***	0.00	−0.06*
利用期間（月）		0.20***	0.19***	0.42***
オンライン人気獲得		0.13***	0.13***	0.16***
娯楽		0.17***	0.12***	0.07*
既存社交		0.10**	−0.15***	−0.02
情報獲得		0.00	0.20***	0.04
人数		1559	1559	1559
F値		44.63	28.90	58.69
調整済み決定係数		0.20	0.14	0.25

***$p<.001$, **$p<.01$, *$p<.05$, †$p<.10$

　相互フォロー数（対数）の分析結果から確認していこう。性別に関しては有意な負の係数が得られた。つまり、女性に比べ男性のほうが、相互フォロー数（対数）が大きい傾向にある。年齢効果に関しては、20〜24歳層に比べ25歳以上の層は有意に相互フォロー数（対数）が小さい。相対的な若年層がより多くの相互フォローネットワークを形成している。

　ツイッター利用動機では、オンライン人気獲得動機、娯楽動機、既存社交動機がそれぞれ有意な正の係数を示した一方で、情報獲得動機の係数は有意ではなかった。これらの結果は、「娯楽動機が高いほど、相互フォロー数が多い（H5-1）」「既存社交動機が高いほど、相互フォロー数が多い（H7-1）」「オンライン人気獲得動機が高いほど、相互フォロー数が多い（H8-2）」の3つを支持するものであった。その一方で、「情報獲得動機が高いほど、相互フォロー数が少ない（H6-1）」は支持されなかった。

　次に、一方的フォロー数（対数）の分析結果を確認しよう。性別に関して有意な負の係数が認められた。これは相互フォロー数の分析と同様に、女性より男性のほうが一方的フォロー数（対数）が大きい傾向にあることを意味する。一方で、年齢層に関しては有意性が認められなかった。つまり、一方的フォロー数に関しては年齢差がみられない。

ツイッター利用動機に関して、オンライン人気獲得動機、娯楽動機、情報獲得動機がそれぞれ有意な正の係数を示した一方で、既存社交動機は有意な負の係数を示した。つまり、一方的フォロー数に関する「娯楽動機が高いほど、一方的フォロー数が多い（H5-2）」「情報獲得動機が高いほど、一方的フォロー数が多い（H6-2）」「既存社交動機が高いほど、一方的フォロー数が少ない（H7-2）」「オンライン人気獲得動機が高いほど、一方的フォロー数が多い（H8-3）」という仮説がすべて支持された。

最後に、一方的フォロワー数（対数）の分析結果をみよう。性別と年齢層との関係については、相互フォロー数（対数）の場合と同様であった。つまり、女性より男性のほうが、一方的フォロワー数（対数）が大きい。全体として女性より男性のほうがツイッターネットワークサイズは大きい。年齢層については、20～24歳層に比べて25歳以上の層は有意に一方的フォロワー数（対数）が小さい。

ツイッター利用動機に関しては、オンライン人気獲得動機と娯楽動機がそれぞれ有意な正の係数を示した。つまり、「オンライン人気獲得動機が高いほど、一方的フォロワー数が多い（H8-1）」が支持された一方で、仮説で想定していなかった関係も見出された。

ここまでの結果をまとめると、仮説群は概ね支持された。しかし、「情報獲得動機が高いほど、相互フォロー数が少ない（H6-1）」は支持されず、「娯楽動機が高いほど、一方的フォロワー数が多い」という関係が確認された。

前者に関しては、相互フォローが必ずしも情報獲得を阻害するものではない、という解釈が考えられる。ツイッターにおいては、フォローしているアカウントのツイートが自分のホームタイムラインにひとまとめに表示されることになる。つまり、リストなどの機能を使わなければ、大事なツイートも大事でないツイートもすべてを一括して確認する必要がある。既存の友人・知人との交流のためにツイッターを使う場合、その人たちのツイートを見逃さないように、それ以外のアカウントをフォローしないようにするという考え方もありうる。半面、情報獲得のためにツイッターを使う場合、自分の知らない情報の全てをツイッターでカバーするという考え方を実践することは困難であるだろう。人の情報処理能力には限界があり、ツイッターで読みきれるツイート量にも限界がある。情報獲得という目的を考えた場合、相互フォローは必ずしも情報獲得

の阻害要因とはならない。ツイッターには公式リツイートのような情報共有機能があり、人々は同じ興味関心をもつフォロワーのために公式リツイート機能を利用するケースが少なくない。このように、興味関心を共有した他者と相互フォロー関係を構築して、自分に必要な情報を得やすくするという方略もありうる。こうした「情報縁」(川上ら，1993)は、パソコン通信以来、しばしば指摘されてきたことである。しかし、情報獲得動機が相互フォロー数(対数)と有意な関係になかったことは、情報獲得動機が高い人のなかにも、他者との情報のやりとりを志向する人もいれば、情報獲得のための交流を行わない人もいるのだと考えられよう。

こうしたツイッター上での個人間の交流のあり方について、次節で検討しよう。対人交流ネットワークに関する論点としては、バーチャルと現実の対人関係というものを挙げているが、この対比はログからは確定的なことを論じることが難しい。そこで次節では、ネットワークのデータを調査対象者の回答に求める形で分析を行う。

第五節　フォロータイプとツイートの種類の関係

ここでは、ツイッターでのフォロー[6]とのオフラインでの関係性の違いにより、ツイートにどのような差異があるのかを探索的に検討する。検討にあたっては、それぞれのツイート数および率を従属変数、性、年齢、ツイート数(週)を統制変数、四つのフォロータイプそれぞれのフォロー数を独立変数とした重回帰分析を行った。

分析は第1調査データの内、直近の週に1回以上ツイートしている人(N=1,075)を対象とした。オフラインでの関係性は、フォローしているアカウントの属性を「よく会う友人・知人」「あまり会わない友人・知人」「会ったことのない個人」および「その他の情報系アカウント」のそれぞれをどの程度フォローしているのか[7]で確認した。

一方、従属変数であるツイートの分類としては、全体の傾向をつかむために、総ツイート数、2013年8月18日～24日までの1週間のツイート数を用いた。さらに、同1週間における以下の比率を用いた。オリジナルツイート率(公式リ

表2-6　フォロータイプごとのフォロー数とツイート数・率の平均と標準偏差（SD）（N =1,075）

		項目	平均	SD	備考
フォロー	1	情報系アカウント	23.3	39.5	
	2	よく会う友人・知人	10.4	17.3	
	3	あまり会わない友人・知人	11.3	18.3	
	4	会ったことのない個人	20.8	25.2	
ツイート	5	総ツイート数	7,298.30	16,299.11	ツイートの総数
	6	ツイート数（週）	58.41	140.12	ツイート数
	7	オリジナルツイート率(週)	0.64	0.31	オリジナルツイート数÷[6]
	8	公式RT率（週）	0.10	0.19	公式RT数÷[6]
	9	メンション率（週）	0.26	0.29	メンション数÷[6]
	10	非公式RT率（週）	0.01	0.05	非公式RT数÷[6]

ツイート、メンションでないツイートの比率）、公式リツイート率、メンション率、非公式リツイート率である。それぞれの平均値と標準偏差（SD）を表2-6に示した。フォローは、「よく会う友人・知人」「あまり会わない友人・知人」よりもそうでない人の方が多く、1週間あたり58.4ツイート、そのうちオリジナルのツイートが64％、公式リツイートが10％、メンションが26％、非公式リツイートが1％であった。

1　ツイート数とフォロータイプ別フォロー数の関係

フォローのオフラインでの関係によってツイート数がどのように異なるのか確認するため、ツイート数と、フォロータイプ別フォロー数の関係を見てみよう（表2-7）。「総ツイート数」とフォロータイプ別フォロー数の関係を見た場合、「会ったことのない個人」「あまり会わない友人・知人」が多いほど「総ツイート数」が多く、また、「会ったことのない個人」が多いほど「ツイート数（週）」が多い。

2　ツイートタイプとフォロータイプ別フォロー数の関係

ツイートタイプ別の比率と、フォロータイプ別フォロー数の関係を見たものが表2-8である。

表2-7　ツイート数とフォロータイプ別フォロー数の関係

	総ツイート数	ツイート数（週）
性別	0.01	−0.07*
年齢	−0.01	−0.15***
ツイート数（週）	0.72***	
フォロー：情報系アカウント	0.04†	0.02
フォロー：よく会う友人・知人	−0.03	−0.06
フォロー：あまり会わない友人・知人	0.08**	0.05
フォロー：会ったことのない個人	0.12***	0.27***
人数	1075	1075
F値	234.84***	21.64***
調整済み決定係数	0.60	0.10

数値は標準偏回帰係数。***$p<.001$, **$p<.01$, *$p<.05$, †$p<.10$

表2-8　ツイートタイプとフォロータイプ別フォロー数の関係

	オリジナルツイート率（週）	公式RT率（週）	メンション率（週）	非公式RT率（週）
性別	−0.02	−0.04	0.05	−0.06†
年齢	−0.03	0.02	0.03	0.07*
ツイート数（週）	−0.08**	−0.04	0.12***	0.04
フォロー：情報系アカウント	0.04	0.07*	−0.09**	0.01
フォロー：よく会う友人・知人	−0.09*	−0.06	0.14***	−0.02
フォロー：あまり会わない友人・知人	−0.06	−0.01	0.07†	0.02
フォロー：会ったことのない個人	−0.01	0.11**	−0.06†	0.01
人数	1075	1075	1075	1075
F値	3.94***	3.81***	8.63***	1.82†
調整済み決定係数	0.02	0.02	0.04	0.01

数値は標準偏回帰係数。***$p<.001$, **$p<.01$, *$p<.05$, †$p<.10$

　「オリジナルツイート率（週）」は、「よく会う友人・知人」のフォローが多いほど、少ない。つまり、総ツイート数やツイート数と同様に（表2-7）、実際に会う可能性の高い人をフォローしているほど、オリジナルツイートの占める割合が低い。

　次に、「公式リツイート率（週）」は、「会ったことのない個人」や「情報系アカウント」のフォローが多いほど、多い。「情報系アカウント」は公式RTを行う際の情報源であり、その情報を会ったことのある友人や知人に伝えると

いうよりは、会ったことのない個人に伝えていると考えられる。

「メンション率（週）」は、「よく会う友人・知人」が多いほど、多く、10%水準まで見た場合、会ったことのある友人・知人が正の値、「会ったことのない個人」が負の値を示しており、メンションはもっぱら会ったことのある友人・知人とのコミュニケーションの手段として用いられている可能性が高い。

「非公式リツイート率（週）」にはいずれも有意な関係が見られなかった。

以上のように、フォローに「よく会う友人・知人」が多いほど、オリジナルツイートの比率が少なく、メンションの比率が高く、「よく会う友人・知人」とコミュニケーションをとっていることがうかがわれる。一方で、「あまり会わない友人・知人」も「よく会う友人・知人」と同様の傾向ではあるが、標準偏回帰係数を見ると、影響力が小さい。「会ったことのない個人」のフォローが多いほど、公式リツイートが多く、メンションが少ないということは、「会ったことのない個人」が、例えば共通の趣味を通じてツイッター上で知り合ったといったように、情報交換が目的で、コミュニケーションにはあまり用いられていない可能性が高い。

第六節　ツイッター上のネットワークに関するまとめ

以上の分析結果をまとめよう。本章ではツイッターにおける情報環境について、ツイッター上のネットワーク構成に着眼して分析を進めてきた。情報ネットワークと対人交流ネットワークという対比を議論の出発点とし、ツイッター利用動機を理解の「鍵」として分析を行った。その結果、次のようなことが明らかになった。

（１）　情報獲得動機が高いほど、一方的フォロー数が多く、その結果、フォロワー数のわりにフォロー数が多く、フォロー数のわりにフォロワー数が少ない。

（２）　既存社交動機が高いほど、相互フォロー数が多い一方で、一方的フォロー数が少なく、その結果としてフォロワー数のわりにフォロー数が少なく、フォロー数のわりにフォロワー数が多い。

（３）　既存社交動機が高いほど、フォロー方向でのクラスタリング係数が

大きく、相対的に閉じたネットワークをツイッター上で形成している。
（4） 娯楽動機が高いほど、相互フォロー数、一方的フォロー数、一方的フォロワー数が多く、結果としてフォロワー数のわりにフォロー数が多い。
（5） オンライン人気獲得動機が高いほど、相互フォロー数、一方的フォロー数、一方的フォロワー数が多く、結果としてフォロー数のわりにフォロワー数が多い。

ツイッター利用者は自分の欲求を満たすように、ツイッターのネットワークを構成している。そして、その欲求とネットワーク構成の対応関係には上述のような特徴が存在する。

そして、ツイッターでフォローしている個人のフォロータイプとツイートタイプの関係の分析から次のことが明らかになった。
（1） 「よく会う友人・知人」を多くフォローしている人ほど、ツイートに占めるオリジナルツイートの割合が低く、メンションの割合が高い。
（2） 「あまり会わない友人・知人」を多くフォローしている人ほど、ツイートに占めるメンションの割合が高い。
（3） 「会ったことのない個人」を多くフォローしている人ほど、ツイート数が多く、その内訳として公式リツイートの割合が高く、メンションの割合が低い。

既存の友人・知人との交流であっても、「よく会う友人・知人」との間ではメンションによる名指しのコミュニケーションツールとしてツイッターが使われる一方、「あまり会わない友人・知人」との間ではそうした使い方は「よく会う友人・知人」との場合に比べて弱まることが推察される。つまり、あまり接触しない既存の対人関係では、相手を特定しないツイートを交換しあう形で互いの近況に触れ合う使い方もされているのだろう。

「あまり会わない個人」を多くフォローしている人ほど、1週間あたりのツイート数が多く、より活発にツイッターを利用している。そのツイートの内訳は公式リツイートが多く、メンションが少ない。つまり、ツイッターのみのオンラインでの関係では、相手を特定した交流が行われているというよりは、相手を名指ししない情報の交換・共有が中心となっていると考えられる。

ここで、「よく会う友人・知人」「あまり会わない友人・知人」「会ったこと

表2-9　相互フォロー数、一方的フォロー数とフォローしている個人数との偏相関係数

	よく会う 友人・知人（対数）	あまり会わない 友人・知人（対数）	会ったことの ない個人（対数）
相互フォロー数（対数）	0.39***	0.44***	0.47***
一方的フォロー数（対数）	−0.16***	−0.14***	0.07**

N=1,559　***$p<.001$, **$p<.01$

のない個人」の変数（対数）と相互フォロー数（対数）、一方的フォロー数（対数）の関係を確認して、最後のまとめとしよう。表2-9に相互フォロー数（対数）、一方的フォロー数（対数）と「よく会う友人・知人」「あまり会わない友人・知人」「会ったことのない個人」のフォロー数（対数）の偏相関係数をまとめた。

この偏相関係数に現れているように、相互フォロー数は「よく会う友人・知人」「あまり会わない友人・知人」「会ったことのない個人」のフォロー数と中程度の正の相関関係にある。一方的フォロー数は「よく会う友人・知人」「あまり会わない友人・知人」と弱い負の相関関係にある一方で、「会ったことのない個人」のフォロー数とは弱い正の相関関係にある。こうした結果から、既存社交動機にもとづいて形成された相互フォロー関係と、オンライン人気獲得動機、娯楽動機によって形成された相互フォロー関係とでは内実が違っていることが示唆される。それは単に関係の内実が異なっているというだけでなく、既存の対人関係とツイッター上のみでの関係ではツイートのスタイルに差異が生じているからである。

本章で分析した内容は、ツイッター上での情報環境の構成とはいっても、コンテンツ、つまりツイートが流れてくる経路にあたる部分である。利用者が実際にどのような情報にツイッターを通して接触しており、特にツイッター利用動機がどのような情報に接触しやすい環境の構成につながっているのかについては、第5章で扱う問題となる。

注
1) https://twitter.com/jack/status/579369432603975680
2) https://twitter.com/jack/status/579369793632899072
　 https://twitter.com/jack/status/579369926021926912
3) マイヤーズら（Myers et al., 2014）で報告された日本のアカウントにおけるフォロー数の中央値は23、

フォロワー数の中央値は17であったことを考えると、第1調査におけるネットワークサイズはいずれも大きい。マイヤーズらのデータが2012年後半におけるものであり、本書の第1調査はその半年後に行われたものであるため、その増分と調査対象者の特性とが共に反映されていると考えられる。

4) ある一つのノードと、それに隣接したノードからなるネットワークのことをエゴセントリックネットワークと言う（鈴木 2009）。あるエゴセントリックネットワークの中心となっているノードのことを、そのエゴセントリックネットワークにおけるエゴとも呼ぶ。

5) 表2-3に示した分析モデルから、それぞれ既存社交動機を除いた分析モデルで重回帰分析を行い、決定係数の差分を取ることで既存社交動機による分散説明率を求めた。

6) 一般に、ツイートをする書き手が意識する相手はフォロワーと考えることが妥当であるが、ツイッターのフォロワーは相互フォローでない限りタイムラインに表示されず、意識されない。また同時に、フォロワーのうちどのくらい「よく会う友人・知人」がいて、「あまり会わない友人・知人」がいて、「会ったことのない個人」がいるかも確認し難く、ここではフォローとの関係性を用いた。

7) 「よく会う友人・知人」「あまり会わない友人・知人」「会ったことのない個人」はフォローしているアカウントの数を6件法で確認し、50個以上：65、20～49個：34.5、10～19個：14.5、5～9個：7、1～4個：2.5、フォローしていない：0で実数換算して計算した。「その他のアカウント（情報系）」は、「新聞社・通信社の公式アカウント」「専門誌・専門機関の公式アカウント」「ネット情報サイトの公式アカウント」「企業・製品の公式アカウント」「芸能人・著名人のアカウント」「専門家のアカウント」に分けて質問しており、実数換算の後、単純加算した。

3章
人びとの「つぶやき」のわけ
――情報発信手段としてのツイッター

　本章では、なぜ人びとはツイートするのかという情報発信の理由や意図を見ていく。ツイッター利用動機研究は多数あり、「情報獲得」と「オフライン関係に基づく社交」が2大利用動機とされる（Java et al., 2007; boyd et al., 2010; Chen, 2011）。日本人利用者を対象とし、詳しく利用動機を分析した研究には柏原（2011）のものがあり、それによれば「交流／自己表現」「既存関係維持」「実況／情報探索」「自己呈示」「気晴らし」の五つが抽出されている。また本書では、「オンライン人気獲得」「娯楽」「既存社交」「情報獲得」の四つが抽出されている（1章第五節）。

　ただしツイート内容別に投稿理由や意図に踏み込んだ研究は、管見の限り存在しない。したがって以下では、理由や意図の自由記述をテキストマイニングすることで、あらかじめ仮説を設けずに、ツイート内容とその理由や意図のパターンを探索する。

　第五節でのツイート投稿理由の分析にむけて、以下では次のように論を進める。第一節ではオンラインでの情報発信動機の研究レビューを行い、第二節では第1調査のデータからツイート内容の定量的把握を行う。その上で、第三節では「つぶやき」を生み出す感情、第四節では「つぶやき」のコンサマトリー性とカタルシス性について記述する。第六節では他の年代層とは異なる10代後半層のツイート投稿理由を記す。第七節はまとめである。

第一節　オンラインでの情報発信動機

　インターネットは通信技術の特徴である双方向性を持つ。ゆえにその誕生から間もない1970年代前半から、マスメディアへのアンチテーゼという思想的側面も含みつつ、個人が情報を発信してきた歴史がある。それは「情報発信可能

性」の歴史でもある。たとえば世界初の公開電子掲示板システムとされるコミュニティ・メモリー[1)]は1972年に開設され、ネット上での対話を通じて地域の人間関係や社会活動の活性化を目指した。日本での個人による発信は1985年の電気通信事業法の施行以降に活発化し、当初はパソコン通信で、1990年代半ば以降はインターネットで展開されてきた。

本書ではインターネットにおける情報発信可能性とカスタマイズ可能性に注目しているが、以下ではそのカスタマイズの進展度合いに対応した3段階に投稿先を分けて、投稿動機研究を整理する。第一段階は、活動の目的が多くのユーザーに共有され、彼らが同一画面を閲覧することで共同体意識も醸成されやすい「場」への投稿（「非個人化段階」）。ついでカスタマイズ化が少し進むことで誕生した個人的空間への投稿（「細分化された非個人化段階」）。そして誰もが自分だけの画面を見る場の解体されたサービスへの投稿である（「永続的個人化段階」）。

1　場に向けて情報発信する動機

川上ら（1993）は、パソコン通信のフォーラムでの発言内容を分析し、同じフォーラムでも感情を強く表出するものや意見を強く表明するなどの差があることを示したが、多様な発言内容とその動機の関連づけには、コロック（Kollock, 1999）の6動機による枠組みが援用できる。

(1)　一般的互酬性への期待：自分が情報を提供することで、他の参加者から情報や支援を得られることを期待して投稿する。あるいは情報を閲覧したことで得られた利益の見返りとして投稿する。

(2)　オンラインコミュニティへの愛着や関与：参加者がその場に愛着を感じ、そのサービスの活性化やそれが生み出す成果を高めるために投稿する。

(3)　他者への共感的関心：そのサービスへの特定の参加者に対する共感や一体感から投稿する。

(4)　アンデンティティの表出：自分の評判を高めたい、尊敬されたい、地位を得たいために投稿する。経済的利益と結びつく場合もある。

(5)　自己効力感：自分がその場に対して何らかの影響や効果を及ぼすと

いう感覚に基づく動機。投稿によって他の参加者からの反応が確認でき、また多くの者の変化が確認できれば、より自己効力感が強まる。
（6）コンサマトリー性：情報を提供する行為そのものが楽しいと感じて投稿する。

　宮田（2005）は、商品情報を共有・交換する場への投稿では、一般的互酬性への期待が多くの参加者の動機であり、ついでコミュニティへの愛着が続き、逆にアイデンティティの表出は動機として弱いことを報告している。病気や介護、いじめといった問題をサポートするセルフヘルプグループでも、一般的互酬性への期待は動機として強く、アイデンティティの表出は弱いことも示した。
　ところが、良質なソフトウェア開発という場の目的が共有されているにもかかわらず、オープンソース・ソフトウェア（OSS）の開発者の参加する場での発信動機は様相が異なる。ハースとオウ（Hars & Ou, 2002）は、それが内発的な動機だけではなく、将来の金銭的報酬につながる人脈や周りからの評判の獲得という外発的動機も強く持つことを示した。ハーテルら（Hertel et al., 2003）の研究でも、場への参加そのものが楽しいという動機、あるいはOSSを良くしたいという実利的動機に加えて、経済的動機や「ソフトウェアは自由であるべき」という思想に基づく政治的動機の強いことが報告されている。さらにOSS開発への参加動機研究の包括的レビューを行ったフォン・クロッホら（von Krogh et al., 2012）の研究でも、評判の獲得や仕事や報酬を得るという外発的動機の強さが過去の研究で多数報告されていることが示されている[2]。つまりコロックの6分類で言うと、アイデンティティの表出が特に強く、コンサマトリー性、オンラインコミュニティへの愛着や関与がやや強く出ており、一般的互酬性への期待は後退する。
　では、誰もが利用可能な知的資産を作るという目的が、OSSのそれに近いウィキペディア（Wikipedia）ではどうであろうか。オコリーら（Okoli et al., 2012）のウィキペディア関連研究のレビューによれば、執筆者・編集者の動機に関する研究は最も活発な分野であり、ヤンとライ（Yang & Lai, 2010）では、「知識を共有することでもたらされる個人的な達成感が好き」という内発的動機が最も強いことが示された。グロットら（Glott et al., 2010）が実施した執筆・編集者5万人以上へのオンラインアンケート調査では、「知識の共有という考え方が好きでそれに貢献したいから」と「記述に間違いを見つけてそれを直し

たいと思ったから」の二つが非常に強い動機で、逆に「コミュニティでの評判獲得のため」といった外発的動機の弱さが示された。つまり OSS との比較で言えば、オンラインコミュニティへの愛着や関与は同様であるものの、アイデンティティの表出、コンサマトリー性の動機は強くない。これは佐々木・北山（2000）が分析したように、その開発者コミュニティの周囲に収益の機会を備えた経済圏が確立されている OSS との違いが反映されたものと考えることができるだろう。

2　個人的空間に情報発信する動機

次に人びとが個人的空間に情報発信をする場合、すなわちツイッターに近いブログ、あるいはその源流にあるウェブ日記での投稿動機を振り返ってみよう。ウェブ日記の書き手を調査した川浦（2005）では、書き手が感じる効用として、「不満や葛藤などを発散し、すっきりすることができる」「書くことによって自分の本当の気持ちがわかる」といった解放感とともに自己に向かう効用と、「自分に共感してくれる他者と出会い、親しくなれる」「個人と個人が互いに率直に意見交換できる」といった他者との関係に向かう効用が報告された。

ナルディら（Nardi et al., 2004a）は、個人によって書かれた読者数の小さいブログの書き手に対する調査から、①活動を報告する、②他人に影響を与えるために意見を表明する、③他人の意見やフィードバックを得る、④書くことによって考える、⑤感情的な緊張を解き放つ、という理由でブログが書かれていることを示し、さらに自身の心情を綴る日記的ブログであっても書き手は読者を強く意識していることを示した（Nardi et al., 2004b）。またブログを自己開示型（日記型）と情報提供型とに分けた三浦ら（三浦, 2005；Miura & Yamashita, 2007）の分析でも、自己開示型のみならず情報提供型であっても、自己理解や他者との交流を目的とすることが多く、そのサイクルがブログ継続意向に有意な影響を及ぼしていることが示された。

ここで重要な点は、第一に個人的空間に情報発信をする場合には、サービス全体に対する共同体意識は後景化するものの、逆に自身の小さな場に対する愛着が前景化することである。第二は、川浦の「個人と個人が互いに率直に意見交換できる」とナルディらの「他人の意見やフィードバックを得る」に関わる

もので、個人的空間を通じた一般的互酬性への期待という動機がここでも存在する点である。特にブログをウェブ日記と比べた場合、RSSやトラックバック機能により、既知の人間関係に加えより広い未知の人間関係が形成される契機を持つ（志村，2005）。そして、そういった弱い紐帯（Granovetter, 1973 野沢編・監訳 2006）、あるいは架橋型ソーシャルキャピタル（Putnam, 2000 柴内訳 2006）が、他者との交流可能性を広げ、より広い範囲での互酬性を実現することがある。

ただし留意すべきは、ここで紹介した研究は10年以上前のものである点だ。化粧品評価サイトを対象として2006年と2014年の比較分析をした佐々木（2016）では、利用者の拡大によって、投稿動機のうち、一般的互酬性への期待は弱まり、アイデンティティの表出は強まった。であるならばブログにおいても現在は後者が強い動機となってきていることは仮説として有力だろう。自分のブログを経由して商品購買などがなされたときに成果報酬を書き手にもたらすアフィリエイト市場が大きくなり[3]、ブログにアフィリエイト用パーツを貼り付けるだけで収益化の可能性が広がっている状況はOSSの事例に近くなってきているからだ。

3 場の解体されたサービスへの情報発信動機

では極端にカスタマイズ化が進み、利用者が共通の画面を見ることのほとんどないツイッター、すなわち場の解体された（木村，2012）ソーシャルメディアでの投稿動機はどのようなものであろうか[4]。

第1調査では、ツイートする動機12項目について、「あてはまる」（4点）から「あてはまらない」（1点）の4件法で回答を得たが（N=1,559）、その結果を「あてはまる」（4点）＋「ややあてはまる」（3点）の回答の多い順に示したのが図3-1である。最も平均値が大きかったのは「その内容が面白いと思った」（平均値：2.68）で、平均値が尺度の中間値である2.5を上回ったのはこの項目だけであった。つまり他には一定数の利用者に共通する強い動機は存在しなかった。ついで「他の利用者とコミュニケーションを取りたい」（2.49）、「自分自身のメモや記録」（2.48）が続いた。二つは、川浦（2005）の言う「他者との関係に向かう効用」と「自己に向かう効用」にそれぞれ対応する。

図3-1 ツイートする動機（N=1559）

動機	あてはまる	ややあてはまる	あまりあてはまらない	あてはまらない
その内容が面白いと思ったから	24.3%	39.8%	15.5%	20.4%
他の利用者とコミュニケーションを取りたいから	17.7%	38.6%	18.8%	24.9%
自分自身のメモや記録のため	20.7%	32.8%	20.5%	26.0%
ツイートをすることそのものが楽しいから	16.6%	31.4%	22.6%	29.4%
フォロワーに自分のことを伝えたいから	13.9%	30.2%	24.1%	31.9%
フォロワーの反応を楽しみたいから	10.7%	27.1%	28.3%	33.9%
フォロワーに情報を教えてあげると役に立つと思うから	7.2%	27.8%	26.6%	38.4%
フォロワーに情報を教えてあげると、いつか自分の欲しい情報を教えてもらえるかもしれないから	4.8%	18.3%	28.8%	48.1%
以前、自分の欲しい情報を教えてもらった「お返し」がしたいから	3.2%	14.6%	28.8%	53.4%
自分の評価を高めたいから	2.0%	13.4%	32.0%	52.6%
人から感謝されるとうれしいから	2.4%	12.6%	30.1%	54.8%
フォロワー数を増やしたいから	2.7%	11.9%	27.6%	57.9%

「ツイートをすることそのものが楽しい」（2.35）というコンサマトリー性の動機も上位にきている。他方で、「フォロワーに情報を教えてあげると、いつか自分の欲しい情報を教えてもらえるかもしれない」（2.04）と「以前、自分のほしい情報を教えてもらったお返しがしたい」（1.80）という一般的互酬性への期待は弱く、また「自分の評価を高めたい」（1.65）、「フォロワー数を増やしたい」（1.59）というアイデンティティの表出も低い数値となった。

以上の3項を整理すると、オンラインでの情報発信動機はサービスのカスタマイズ性の程度だけで説明できるものではなく、場が存在し、そこでの目的が共有されていたとしても、扱うテーマや参加者の経済的報酬への直結程度の強弱といった要因も影響し、多様であることがわかる。

そして、実はその動機の多様さを一サービス内に包含しているのが、多様な使い方を実現するツイッターであり、またそこへの投稿コストが非常に低いこともあいまって、多くの利用者に共通して強い動機が選択式の回答では現れなかったと考えられる。たとえば「フォロワー数を増やしたい」（1.59）は平均値では最低であったが、オンライン人気獲得動機が非常に強い者が一部に存在す

ることは本書で示した。また一般的互酬性への期待が低いことは、それが場の解体されたサービスであることと少なからず関係があると考えられる。

第二節　ツイート内容の定量的把握

　利用者の心理面へと進む前に、ツイートの種類とツイート内容を定量的に、特にデモグラフィック属性の点から概観しよう。

　ツイッターを中心としたソーシャルメディアの利用と属性の関係に言及している先行研究を収集データで大きく分けると、回答者自記式アンケートによるもの（石井, 2011；河井・藤代, 2013）、特定テーマに絞ったうえでログデータを分析したもの（小川ら, 2014）があり、またログデータからデモグラフィック属性を推測したもの（Pennacchiotti & Popescu, 2011；奥谷・山名, 2014）もある。そこで本節では、第１調査のログデータとアンケートデータの両方を用い、特定テーマにツイート内容を絞ることなく、利用者がどのようなツイートを行っているのかを見ていく。

１　ツイートの種類

　まず利用者がどのような種類のツイートを行っているのかを定量的に把握する。ツイートの種類を本節では大きく三つに分類した。すなわちメンションと公式リツイート、そしてオリジナルツイートで、表３-１でこの三つの比率を足せば100％となる。その他に非公式リツイート、URL付きのツイート（以下、URLツイート）、ツイートボタンからのツイート（以下、ボタンツイート）、ハッシュタグ付きのツイート（以下、ハッシュタグツイート）の４分類を設けた[5]。

　分析対象者は、第１調査時点でツイッター利用開始から１カ月以上経過している利用者で、公開設定の個人アカウントとし、かつフォローのツイートが１件以上ある1,075名とした。ツイート単位での分析対象は彼らの発信ツイートで、その数は2013年８月18日から８月24日までの１週間分、63,601件であった。

　表３-１のとおり、オリジナルツイートの比率は全体の64.1％であり、ツイートの半分以上を占めた。また総ツイート数は、男性が女性より、20-24歳

表 3-1　性別、年齢層別のツイートの種類の比率

	全体	性別			年齢層別				
		男性	女性	t 値	20–24歳	25–29歳	30–34歳	35–39歳	F 値
N	1,075	510	565		316	248	261	250	
ツイート数	58.4	**71.9**	46.2	2.92**	81.7[c]	68.2[ab]	38.3[b]	40.3[b]	6.60***
オリジナルツイート率	64.1%	64.2%	64.0%	0.11	63.8%[a]	62.5%[a]	65.1%[a]	64.9%[a]	0.35
メンション率	26.1%	25.1%	27.1%	−1.12	27.8%[a]	27.5%[a]	24.0%[a]	24.8%[a]	1.22
公式リツイート率	9.8%	10.7%	9.0%	1.47	8.3%[a]	10.0%[a]	10.9%[a]	10.2%[a]	0.99
非公式リツイート率	0.9%	**1.3%**	0.6%	2.12*	0.6%[a]	0.8%[a]	0.9%[a]	1.5%[a]	1.57
URLツイート率	30.1%	**32.7%**	27.7%	2.35*	16.7%[c]	29.2%[b]	36.5%[a]	41.2%[a]	29.12***
ボタンツイート率	6.0%	**7.8%**	4.3%	3.15**	2.0%[c]	5.6%[bc]	7.5%[ab]	9.8%[a]	9.82***
ハッシュタグツイート率	13.0%	**14.8%**	11.4%	2.09*	7.7%[c]	10.7%[bc]	15.5%[ab]	19.3%[a]	10.64***

太字は、同カテゴリーで5%水準で他よりも多いもの
年齢層別数値脇の添字は、Tukeyの多重範囲検定の結果、同一添字で5%水準で有意差がないことを示す
t 値脇の記号は、独立したサンプルのt検定の結果、F 値脇の記号は、分散分析の結果、***p＜.001、**p＜.01、*p＜.05で有意

が30代より有意に多かった。しかし、オリジナルツイート率、公式リツイート率、メンション率については、性・年齢層別による有意差は見られなかった。また、URL ツイート率、ハッシュタグツイート率、ボタンツイート率は、女性より男性、また30代以上で多い。つまり性別で見た場合、男性が活発にツイートしている。男性のツイート数が女性の約1.5倍であることを考慮しても、男性は女性に比べて URL ツイートやボタンツイート、非公式リツイートといった、ツイッター外の情報や他人のツイートといった他ソースの情報をよく共有している可能性が高い。

　年齢層別で見た場合は、若年層ほど活発にツイートしている。また、URL ツイートやボタンツイートの比率が若年層ほど低いが、比率ではなくツイート数で考えると年齢層の差異はほとんどないため、若年層ほど他ソースからの情報より、自分自身の出来事をツイートしている可能性が高い。

2　オリジナルツイートの内容

　次に64%を占めるオリジナルツイートについて、どのようなツイートがなされているのか、その内容を検討しよう。対象サンプルは、前項サンプルのうちオリジナルツイートを1回でも行っている1,002名である。分析は、IPA 辞書にウィキペディア（日本語版）とはてなブックマークに登録されているキーワードを一般名詞として追加した辞書[6]を MeCab に登録し、KH Coder（樋口、2014）を介して形態素解析を行った。

　基本属性ごとのオリジナルツイート数、抽出語数を示したのが表3-2である。1ツイートあたりの抽出語数では、性別による差はなく、年齢層が低いほど少ない。つまり、オリジナルツイートのみを見た場合、年齢層が低いほど短いツイートを頻繁に行っている。

　次にどのような話題がオリジナルツイートで語られているかを確認するため、オリジナルツイートで名詞と判断された語を使用している人の比率[7]を上位50語についてまとめたものが表3-3である。全体では、「今日」や「明日」「今」「前」「朝」「夜」といった時勢に関する語、「人」や「自分」といった人に関する語、「雨」や「夏」といった気候に関する語、「笑」や「感じ」といった感情を表す語を使用している比率が高く、日々の出来事をツイートしている

表3-2 基本属性別のオリジナルツイート数、形態素解析結果

		N	オリジナルツイート数（平均）	抽出語数[8]	
				平均	1ツイートあたり
	全体	1,002	36.0	653.9	21.5
性別	男性	470	45.1 **	783.9 **	21.5 ns
	女性	532	28.0	539.0	21.6
年齢層別	20-24歳	305	51.3 a	786.5 a	17.8 c
	25-29歳	231	39.4 ab	677.9 a	21.2 b
	30-34歳	238	23.9 b	570.7 a	24.1 a
	35-39歳	228	24.7 b	539.1 a	24.1 a

オリジナルツイート数、平均抽出語数、1ツイートあたりの抽出語数脇の記号は、性別で独立したサンプルのt検定の結果、**：1％水準で有意差あり、ns：5％水準で有意差なしを示す。また年齢層別ではテューキー（Tukey）の多重範囲検定の結果、同符号間で5％水準で有意差がないことを示す

可能性が高い。

　性別で見た場合、上位19語までで大きな違いは見られない。しかし、他方の上位50語に入らない語で10％以上の利用者が利用している語がいくつかある。男性では「日本」「結局」「ゲーム」「更新」「ネット」「ニュース」「結果」、女性では「気持ち」「頭」「友達」「雷」「ちゃんと」「子」「絶対」といった語である。つまり、男性は日々の出来事に加え、ネットやゲームといった遊びに関するものやニュースをツイートしている可能性が高い。一方、女性では出来事に加え、感情や友人についてのツイートをしている可能性がある。

　年齢層別でも上位語に大きな違いは見られないが、他の年齢層で上位50語に入らない語としては、20-24歳では「バイト」「めっちゃ」「名前」「映画」「楽しみ」「夢」「ツイート」「予定」、25-29歳では「結果」「世界」「全部」「東京」「ライブ」「音」、30-34歳では「キャンペーン」「昔」「ありがと」「イベント」「応募」「今回」「声」「うち」、35-39歳では「おはよう」「秋」「電車」「プレゼント」「一緒」「帰宅」「ネット」があった。つまり、学生も多く含まれる20-24歳では、バイトや遊びに関する語が現れる一方で、30代ではツイッターを用いた懸賞等に関する語や挨拶が現れる。

　さらにこれらの語がどのような文脈で利用されているのか確認するため、共起分析[9]を行い、全体（N=1,002）での結果を示したものが図3-2である。

表3-3　オリジナルツイートで名詞と判断された語を使用している人の比率　上位50語

N	全体		性別				年齢層別							
			男性		女性		20-24		25-29		30-34		35-39	
	1,002		470		532		305		231		238		228	
rank	抽出語	使用率	抽出語	使用率	抽出語	使用率	抽出語	使用率	抽出語	使用率	抽出語	使用率	抽出語	使用率
1	今日	41.3%	今日	37.7%	今日	44.5%	今日	47.9%	今日	41.1%	今日	34.9%	今日	39.5%
2	人	30.2%	人	30.4%	人	30.1%	人	36.7%	人	30.7%	人	28.6%	雨	24.1%
3	明日	26.5%	自分	24.5%	明日	29.1%	明日	35.1%	自分	27.3%	今	27.7%	人	22.8%
4	今	26.1%	今	24.0%	今	28.0%	前	31.5%	今	24.2%	明日	23.1%	明日	22.8%
5	前	24.6%	明日	23.6%	前	25.8%	今	30.2%	明日	22.5%	前	21.8%	仕事	21.9%
6	自分	22.8%	人	23.2%	雨	22.0%	笑	28.9%	前	22.1%	自分	20.6%	今	21.1%
7	雨	19.7%	最近	18.5%	自分	21.2%	自分	27.5%	仕事	21.6%	仕事	19.7%	前	20.6%
8	笑	19.1%	ちょっと	18.3%	笑	21.2%	時間	24.6%	笑	19.9%	ちょっと	18.1%	夏	19.3%
9	ちょっと	19.0%	仕事	18.3%	ちょっと	19.5%	最近	23.6%	最近	19.5%	雨	18.1%	朝	17.1%
10	仕事	18.8%	時間	17.9%	仕事	19.2%	あと	22.6%	なかった	17.7%	夏	14.7%	時間	16.2%
11	雨	18.6%	雨	17.0%	時間	19.2%	ちょっと	22.6%	雨	17.7%	最近	14.3%	気	15.4%
12	最近	17.2%	感じ	16.8%	なかった	18.4%	昨日	21.3%	時間	17.7%	時間	13.9%	昨日	15.4%
13	なかった	16.4%	笑	16.6%	昨日	18.0%	なかった	19.7%	感じ	17.3%	なかった	13.0%	ちょっと	14.5%
14	昨日	16.4%	昨日	14.5%	気	17.9%	気	19.3%	気	16.0%	気	13.0%	感じ	14.5%
15	気	16.2%	夏	14.3%	夏	16.9%	雨	19.0%	最近	15.6%	昨日	13.0%	なかった	14.0%
16	夏	15.5%	なかった	14.0%	あと	16.5%	バイト	18.0%	夏	14.3%	あと	12.6%	自分	14.0%
17	あと	15.0%	夏	13.8%	最近	16.0%	感じ	16.4%	昨日	14.3%	笑	12.6%	RT	13.6%
18	感じ	14.8%	一番	13.6%	朝	16.0%	めっちゃ	15.4%	あと	13.0%	一番	12.2%	最近	13.2%
19	雨	13.2%	名	13.2%	感じ	13.0%	家	15.4%	写真	13.0%	久しぶり	11.3%	おはよう	12.3%
20	RT	11.8%	日本	13.0%	RT	12.8%	目	15.1%	夜	13.0%	更新	11.3%	秋	12.3%
21	一番	11.6%	話	13.0%	気持ち	12.2%	顔	14.4%	久しぶり	12.6%	雷	11.3%	話	12.3%
22	久しぶり	11.6%	久しぶり	12.1%	頭	12.2%	RT	14.1%	月	12.6%	ブログ	10.5%	休み	11.8%
23	夜	11.4%	月	11.9%	友達	12.0%	夏	14.1%	一番	12.1%	一番	10.5%	夜	11.8%
24	話	11.4%	顔	11.7%	家	11.8%	久しぶり	13.8%	朝	11.3%	感じ	10.5%	更新	11.0%
25	休み	11.2%	休み	11.7%	夜	11.7%	曲	13.8%	話	11.3%	無料	10.5%	電車	11.0%
26	家	11.1%	手	11.5%	久しぶり	11.1%	一番	13.4%	ちゃんと	10.8%	RT	10.1%	夜	11.0%
27	目	11.0%	次	11.1%	目	11.1%	仕事	13.4%	家	10.8%	写真	10.1%	月	10.5%
28	写真	10.9%	写真	11.1%	雷	11.1%	頭	13.4%	曲	10.8%	テレビ	9.7%	参加	10.5%
29	月	10.8%	夜	11.1%	ちゃんと	10.9%	ちゃんと	13.1%	目	10.4%	休み	9.7%	無料	10.5%
30	顔	10.5%	曲	10.9%	子	10.9%	気持ち	13.1%	子	10.0%	次	9.7%	雷	10.5%
31	頭	10.5%	目	10.9%	休み	10.9%	家	13.1%	家	9.5%	話	9.7%	Y!ニュース	10.1%
32	手	10.3%	RT	10.6%	写真	10.7%	結局	12.8%	休み	9.5%	キャンペーン	9.2%	プレゼント	10.1%
33	気持ち	9.8%	結局	10.6%	絶対	10.7%	手	12.8%	結果	9.5%	気持ち	9.2%	家	10.1%
34	次	9.8%	ゲーム	10.4%	話	10.0%	友達	12.8%	最後	9.5%	参加	9.2%	一番	9.6%
35	雷	9.8%	更新	10.4%	一番	9.8%	手	12.5%	手	9.5%	昔	9.2%	結局	9.6%
36	曲	9.5%	ネット	10.2%	月	9.8%	最後	12.5%	世界	9.5%	夜	9.2%	手	9.6%
37	結局	9.3%	家	10.2%	めっちゃ	9.4%	朝	12.5%	全部	9.5%	顔	8.8%	頭	9.6%
38	絶対	9.3%	ニュース	10.0%	顔	9.4%	名前	12.5%	頭	9.5%	子	8.8%	あと	9.2%
39	友達	9.2%	結果	10.0%	一緒	9.2%	映画	12.1%	発売	9.2%	Y!ニュース	8.4%	一緒	9.2%
40	更新	9.2%	朝	10.0%	手	9.2%	楽しみ	12.1%	友達	9.5%	ありがと	8.4%	帰宅	9.2%
41	ちゃんと	9.1%	ツイート	9.8%	テレビ	9.0%	写真	12.1%	ブログ	9.1%	イベント	8.4%	今年	9.2%
42	テレビ	9.0%	発売	9.8%	お腹	8.8%	絶対	12.1%	気持ち	9.1%	応募	8.4%	日本	9.2%
43	予定	8.9%	子	9.8%	最後	8.8%	夢	12.1%	次	9.1%	外	8.4%	夜	9.2%
44	おはよう	8.8%	おはよう	9.6%	ありがと	8.6%	夜	12.1%	絶対	9.1%	今回	8.4%	テレビ	8.8%
45	映画	8.8%	映画	9.6%	久々	8.6%	話	12.1%	東京	9.1%	手	8.4%	ニュース	8.8%
46	最後	8.8%	世界	9.6%	次	8.6%	ツイート	11.8%	日本	9.1%	声	8.4%	ネット	8.8%
47	日本	8.7%	ポイント	9.4%	夢	8.6%	予定	11.8%	本	9.1%	朝	8.4%	絶対	8.8%
48	本	8.7%	本	9.4%	声	8.5%	雷	11.5%	RT	8.7%	目	8.4%	発売	8.8%
49	めっちゃ	8.6%	アプリ	9.1%	楽しみ	8.3%	次	11.1%	ライブ	8.7%	うち	8.0%	目	8.8%
50	今年	8.6%	ブログ	9.1%	曲	8.3%	今年	10.8%	音	8.7%	ニュース	8.0%	目	8.8%

網がけはカテゴリで上位50語で同カテゴリ内で重複しない語
名詞と分類されたもののみを抽出した

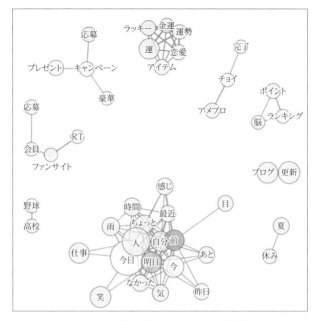

図3-2　頻出語の共起ネットワーク（全体）

丸の大きさが語の登場回数を示し、語同士が線で結ばれている場合、それらの語が同一利用者（同一ツイート内ではない）によって使われていることを示している。最大のグループとなったものは、「今日」や「人」、「自分」など自分自身の出来事についてのツイートをしているグループであった。また「ブログ」「更新」といったブログ更新の通知であろうグループが見受けられたが、これらを「出来事系」と呼ぼう。

次に「金運」「運勢」「恋愛」「ラッキー」がつながったグループ、「ポイント」「脳」「ランキング」のグループがあり[10]、これらはツイッターアカウントを用いた占いに近いサービスと考えられる（以下、占い系）。また、「キャンペーン」を中心としたグループ、「ファンサイト」「会員」「リツイート」のグループ、「チョイ」を中心としたグループに見られるお得サービス（以下、お得系）もよく用いられている。「夏」「休み」グループや「高校」「野球」グループも存在する（以下、季節系）。

年齢層別での共起分析の結果を示したものが図3-3である。出来事系では、

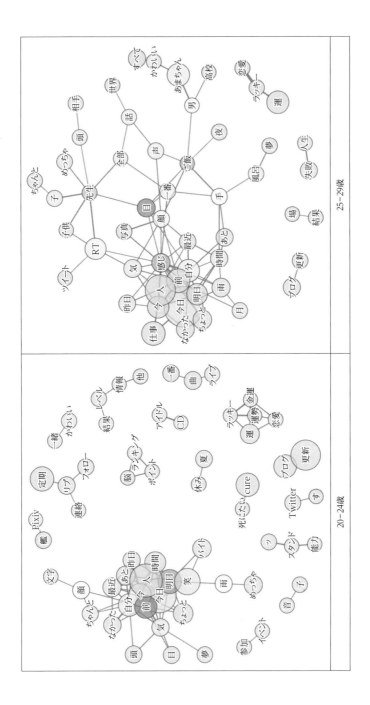

❸章 人びとの「つぶやき」のわけ　79

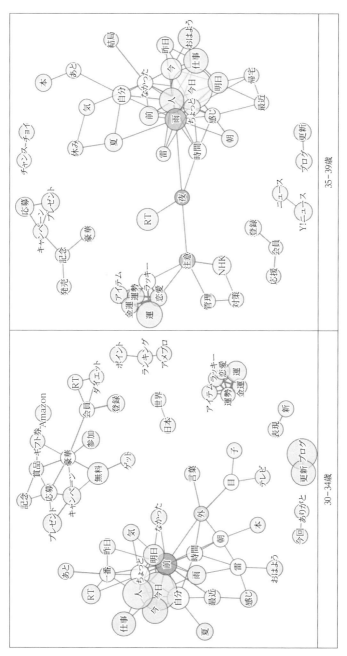

図3-3　年齢層別の頻出語の共起ネットワーク

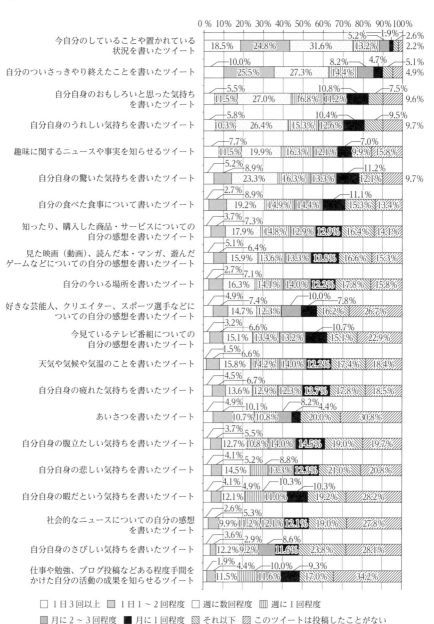

図3-4 ツイート内容別の投稿頻度（N=730）

20-24歳で「バイト」が見られる一方で、25歳以上ではテレビに関連する語が見られる。占い系についてはどの年齢層でも現れているが、35-39歳では出来事系とつながっていることも特徴であろう。お得系は30歳以上で見られ、特に30-34歳で大きな位置を占めている。アニメ・ゲーム系はいくつかのグループに分かれているが、20-24歳のみに見られ、ニュース系は35-39歳のみに見られる。

　以上のように、全体のツイート内容は出来事系、占い系、お得系、季節系と大きく四つに分類できる。また年齢層別では、35-39歳では出来事系と占い系がつながっていた。他にも20-24歳の出来事系においては「バイト」との関連も特徴的で、アニメ・ゲーム系も見られるなどグループ数も最も多かった。この点は、20-24歳において、さまざまな内容がツイートされていることを推察させる。

　最後に、ログデータの分析結果とアンケート結果をつき合わせよう。図3-4は第2動機調査で21のツイート内容別に投稿頻度を尋ねた結果で、後のテキストマイニング対象サンプルである730人の回答を、「週に1回程度」以上を基準として頻度の高い順に並べている。するとオリジナルツイート中の頻出語分析での「出来事系」に合致する、「今自分のしていることや置かれている状況」（週に1回程度以上の投稿率：88.1%）と「自分のついさっきやり終えたこと」(77.2%)が上位二つとなった。それに続いたのは、自分自身の「面白い」(61.1%)、「うれしい」(57.5%)、「驚いた」(53.7%) 気持ちを書いたものと「趣味に関するニュースや事実」(55.4%)で、この6位までが「週に1回程度」以上という基準で50%以上の人が投稿する内容となった。

　本節ではツイートの種類と内容を定量的に把握してきた。次はどのような理由や意図ないしは感情に基づいて利用者がツイートしているのかを見ていこう。

第三節　「つぶやき」を生み出す感情

　英語のツイート内容を分析し、それに込められた感情を視覚化するサービスにウィーフィールがある[11]。日本語でもヤフーのリアルタイム検索では、結果にそのキーワードを含むツイートがポジティブ／ネガティブのいずれの感情と

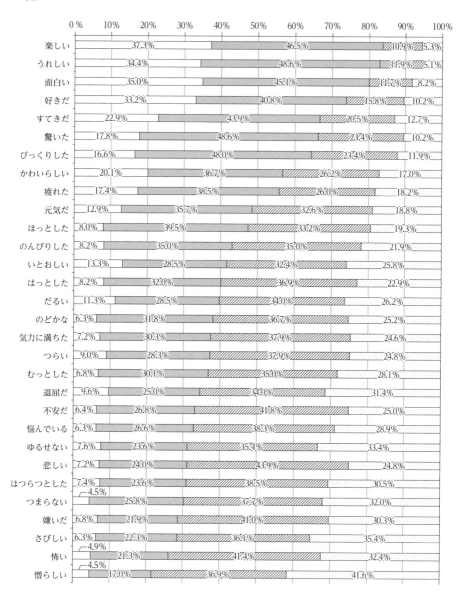

図3-5　ツイートを生み出す感情（N=512）

ともに投稿されているかが表示される[12]。感情語に注目し、災害前後の否定的感情の変化を分析した研究も存在する（三浦ら，2015）。このようにツイートから世の中のセンチメントを探る取り組みは行われている。

　図3-5は第1動機調査での「あなたは以下のような気持ちを感じた時、どのくらいの頻度でツイートしていますか」[13]という質問に、30種類の感情について、「よくツイートする」（4点）から、「ツイートしない」（1点）で回答してもらった結果で、「よく」（4点）＋「たまに」（3点）の回答の多い順に並べてある（N=512）。なお30の感情は寺崎ら（1992）を参考にした。すなわち感情を表す80の語彙から抽出された8因子「抑鬱・不安」「敵意」「倦怠」「活動的快」「非活動的快」「親和」「驚愕」「集中」のうち、中立的感情を示す「集中」因子を除外した七つから、因子負荷量の高い語彙[14]を中心に三つないし四つを選択し、また筆者らの予備調査結果より語彙リストに存在しないもののツイート投稿に結びつくと考えられた「楽しい」「うれしい」「面白い」「つらい」「さびしい」「ほっとした」「怖い」の七つを加えた。

　ツイートを生み出しやすい感情には、「楽しい」（平均値：3.16）、「うれしい」（3.12）、「面白い」（3.07）、「好きだ」（2.97）の肯定的な四つが挙がった。逆に、「ツイートしない」が高い割合を示した感情には、「憎らしい」（1.84）が挙がり、続いて「さびしい」（1.99）、「ゆるせない」（2.05）、「怖い」（1.99）、「つまらない」（2.03）となった。また「よく」（4点）＋「たまに」（3点）と、「あまりしない」（2点）＋「しない」（1点）のそれぞれの和についての差が小さく、ツイートを生む場合と生まない場合とに二分された感情は、「元気だ」と「ほっとした」であった。

第四節　「つぶやき」のコンサマトリー性とカタルシス性

　ではツイート内容のうち、コロック（Kollock, 1999）のコンサマトリー性の動機を満たすものはどのようなものであろうか。また川浦（2005）が指摘したカタルシス（解放感）をもたらすものはどのような内容のツイートなのだろうか。

1 コンサマトリー性の動機を満たすツイート内容

図3-6は、第2動機調査での21種類のツイート内容についての「『ツイートすること自体が楽しい』と感じて投稿するものはありますでしょうか。それぞれについて当てはまる頻度を一つお選びください」という質問に対する回答結果である。選択肢は、「ツイートすること自体が楽しいと感じてツイートすることがよくある」「たまにある」「あまりない」「ない」で、図3-6では「よくある」＋「たまにある」の合計割合の多かった順にツイート内容を並べている。回答は、各内容について「週に1回程度」以上の頻度を回答した人のみから得たのでツイート内容によって異なる回答者数をツイート内容横の（ ）内に示した。

ツイートすること自体に楽しみを感じながら投稿されるツイートが多く、「よくある」＋「たまにある」の合計が66％を超えたツイートは21のうち13を占めた。ここでのツイート内容が第1動機調査での投稿頻度の高いものを中心に構成されていることを考えると、図3-6の下方にならんだ否定的な気持ちを書いたツイートを除けば、総じてツイートによってコンサマトリー性の動機は満たされていると言える。最も投稿頻度の高い「今自分のしていることや置かれている状況」という「状況」を書いたツイートでも、70％以上の人が「たまに」は、ツイートすること自体が楽しいと感じている。

上位には「自分自身のうれしい気持ち」(86.7％)、「自分自身の面白いと思った気持ち」(85.6％)という自身の肯定的な気持ちを表現するツイートが並んだ。そして「見た映画（動画）、読んだ本・マンガ、遊んだゲームなどについての自分の感想」(83.6％)と「自分の食べた食事」(83.2％)が続いた。

ただし「よくある」のみの割合で並べると様相は少し異なる。1位は「自分自身の面白いと思った気持ち」(41.2％)だが、2位には「自分自身のうれしい気持ち」(39.1％)に加えて、「見た映画（動画）、読んだ本・マンガ、遊んだゲームなどについての自分の感想」(39.1％)が、さらに4位には「今見ているテレビ番組についての自分の感想」(33.0％)が2選択肢合計の場合よりも順位を上げて入った。映画、本・マンガ、テレビ番組などのいわゆるコンテンツに関連したツイートが、コンサマトリーな欲求を満たす上で一役買っている様子が窺

❸章　人びとの「つぶやき」のわけ　85

ツイート内容	よくある	たまにある	あまりない	ない
自分自身のうれしい気持ちを書いたツイート（422）	39.1%	47.6%	11.1%	2.1%
自分自身の面白いと思った気持ちを書いたツイート（444）	41.2%	44.4%	10.8%	3.6%
見た映画（動画）、読んだ本・マンガ、遊んだゲームなどについての自分の感想を書いたツイート（299）	39.1%	44.5%	14.4%	2.0%
自分の食べた食事について書いたツイート（334）	28.1%	55.1%	13.8%	3.0%
知ったり、購入した商品・サービスについての自分の感想を書いたツイート（319）	29.5%	51.1%	15.7%	3.8%
好きな芸能人、クリエイター、スポーツ選手などについての自分の感想を書いたツイート（287）	27.9%	51.6%	16.7%	3.8%
自分自身の驚いた気持ちを書いたツイート（392）	25.0%	53.6%	17.9%	3.6%
今見ているテレビ番組についての自分の感想を書いたツイート（279）	33.0%	45.2%	18.3%	3.6%
趣味に関するニュースや事実を知らせるツイート（404）	29.5%	45.0%	21.3%	4.2%
今自分のしていることや置かれている状況を書いたツイート（643）	19.0%	52.4%	22.1%	6.5%
仕事や勉強、ブログ投稿などある程度手間をかけた自分の活動の成果を知らせるツイート（203）	18.7%	50.7%	25.1%	5.4%
自分のついさっきやり終えたことを書いたツイート（563）	16.3%	51.5%	26.5%	5.7%
自分の今いる場所を書いたツイート（294）	20.1%	46.6%	25.2%	8.2%
社会的なニュースについての自分の感想を書いたツイート（212）	18.9%	45.3%	30.7%	5.2%
あいさつを書いたツイート（267）	18.4%	37.1%	37.1%	7.5%
自分自身の暇だという気持ちを書いたツイート（229）	14.0%	37.6%	37.1%	11.4%
天気や気候や気温のことを書いたツイート（278）	11.5%	38.8%	41.7%	7.9%
自分自身の疲れた気持ちを書いたツイート（275）	12.4%	29.5%	41.8%	16.4%
自分自身のさびしい気持ちを書いたツイート（203）	10.8%	29.1%	40.4%	19.7%
自分自身の腹立たしい気持ちを書いたツイート（239）	11.3%	26.8%	41.4%	20.5%
自分自身の悲しい気持ちを書いたツイート（238）	8.4%	27.7%	42.9%	21.0%

□ ツイートすること自体が楽しいと感じてツイートすることがよくある
■ ツイートすること自体が楽しいと感じてツイートすることがたまにある
▨ ツイートすること自体が楽しいと感じてツイートすることはあまりない
□ ツイートすること自体が楽しいと感じてツイートすることはない

ツイート内容横の（　）内は回答者数

図 3-6　コンサマトリー性の動機を満たすツイート内容

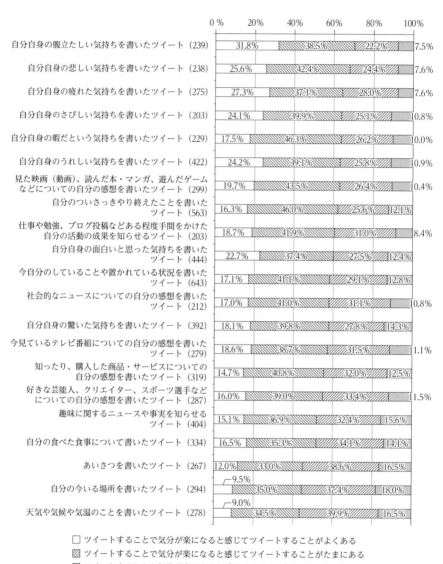

図3-7　カタルシスをもたらすツイート内容

える。

2　カタルシスをもたらすツイート内容

　図3-7は、第2動機調査での21種類のツイート内容についての「『ツイートすることで気分が楽になる』と感じて投稿するものはありますでしょうか。それぞれについて当てはまる頻度を一つお選びください」という質問に対する回答結果である。選択肢は「ツイートすることで気分が楽になると感じてツイートすることがよくある」「たまにある」「あまりない」「ない」で、図3-7では「よくある」＋「たまにある」の合計割合の多かった順に、ツイート内容を並べている。ここでも回答対象ツイートは、「週に1回程度」以上の頻度と回答されたものである。

　上位から「自分自身の腹立たしい気持ち」(70.3%)、「自分自身の悲しい気持ち」(68.0%)、「自分自身の疲れた気持ち」(64.4%)、「自分自身のさびしい気持ち」(64.0%)となり、喜怒哀楽のうち「怒」と「哀」を表現するツイートが並んだ。「腹立たしい」は「よくある」でも31.8％と他を引き離している。つまり「うれしい」や「面白い」といった肯定的な気持ちよりも、「怒り」の感情の方がカタルシスを生むツイートとしてより多く投稿されている。

第五節　「つぶやき」の理由や意図

　ここからは、人びとのツイートする理由や意図に迫っていくが、その準備としてツイートの想定読者という補助線を1本引いておこう。

1　「つぶやき」の想定読者

　三浦ら (2008) は、ブログ作成時に指向する読者のパターンとして四つを考えた。「不特定多数の他者」「自分」「自分と対面知己」それに「多様な他者」である。「多様な他者」とは自分以外の対面経験のある友人、オンラインでの友人、不特定多数などまんべんなく読者として指向するタイプを指す。

ツイッターにおいてはフォロワーが存在し、まずは彼らにツイートは配信される。たしかに自分の記録のためにツイートする利用者はおり、自分のツイートもタイムラインに表示されるが、ブログでは自分のために書いている投稿でさえ他者との交流を目的とすることが多い（三浦，2005；Miura & Yamashita, 2007）。ゆえに自分以外の読者についての意識の程度を探るために、第2動機調査では、「フォロワー全員、あるいはほぼ全員を読み手と想定しツイートすることが最も多い」「フォロワーの一部を読み手と想定しツイートすることが最も多い」「読み手を特に想定することなくツイートすることが最も多い」という単一選択によって読者を3タイプに分け、ツイート内容別に回答を得た。図3-8ではその結果を「読み手を特に想定することなくツイートすることが最も多い」の割合が高い順に示した。ツイート内容横の（　）内は回答者数を示している。

図3-8から明らかな第一点は、ツイート内容によって想定される読み手が大きく変わることがなく、左の選択肢から概ね40％、25％、35％という値になっている点である。いま一点は、最大割合となることの多い選択肢が、「読み手を特に想定することなく」である点だ。21種類のツイート内容のうち「自分の今いる場所」を除いた実に20種類で、同数値で並んだ場合も含めてその割合は最大となった。上位は「天気や気候や気温」(50.7％)、「自分自身の腹立たしい気持ち」(46.9％)、「自分自身の疲れた気持ち」(45.8％) であった。カタルシス効果を求めて高頻度で投稿されるツイート内容との重複から考えて、「腹立たしさ」「疲れ」「悲しみ」を表現したツイートは、自分の気持ちの吐露を主目的とする、読み手の想定されていないツイートであると考えられる。

「フォロワーの一部を読み手」の割合が高いものは、「自分の今いる場所」(40.1％)、「自分自身の暇だという気持ち」(39.3％)、加えて「自分自身のさびしい気持ち」と「趣味に関するニュースや事実」(37.4％) であった。このうち前三者はフォロワーの一部となる友人に「見つけて欲しい」、「構って欲しい」というもの、また後者は趣味を同じくする仲間を意識して発信されるものであろう。

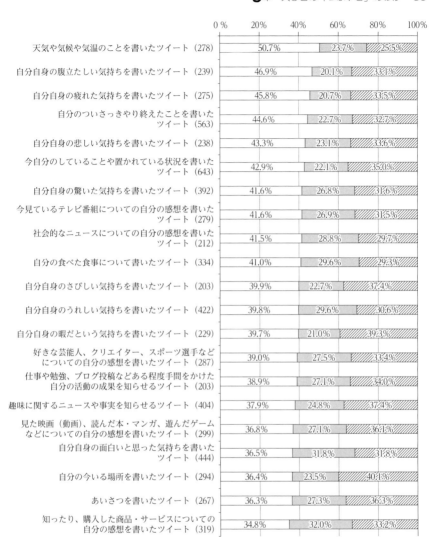

図3-8　ツイート内容別の想定読者

2 ツイートする理由や意図

　ここからは21種類のツイート内容別に、ツイートする理由や意図を自由記述方式で回答してもらった結果を記していく。

　質問文は「以下のツイートについて、ツイートをする理由や意図として、よくあるものについてなるべく詳しくお書きください」で、理由や意図を答えるツイートは、その前の質問で「週に1回程度」以上の頻度で投稿する、と回答されたものに限定した。テキストマイニングにあたってのデータクリーニングは注に記した手続きで行った[15]。最終的な分析対象者は21種類のツイート内容のいずれかを「週に1回程度」以上ツイートする者730名で、分析対象のツイート数は6,824であった。テキストマイニングにはKH Coder（樋口, 2014）を用い、「フォロワー」「ツイート」「リツイート」などの特別な語は強制抽出した。

　21種類の内容をツイートする理由や意図において現れる、上位10頻出語とそのツイート内容に特有の語をまとめたものが表3-4である。頻度の特に高い「欲しい」には網がけをした。

　「欲しい」が多くのツイート内容で上位に出現したが、この語の前には多様な語が入るため文脈分析を行った。「欲しい」の前に現れた語の頻度1位と2位（左合計[16]で比較）を示したのが表3-5であるが、「知って欲しい」と「共感して欲しい」が多かった。

　ツイート内容別の投稿理由の分析には、頻出語分析での出現頻度順位と文脈分析での左合計での占有率の高さをたよりにした。たとえば「知って欲しい」という理由で投稿されることの多いツイート内容を探索するためには、投稿理由の頻出語分析で「知る」と「欲しい」の両方の語の出現頻度が上位にあることと、投稿理由の文脈分析で「知って欲しい」という語の並びで出現する割合が高いことを重視した。ただしツイート内容により頻度および左合計での占有率の分布が異なるため、ツイート内容を選定するための基準値は投稿の理由や意図により異なっている。分析は探索的であるため、21種類の中からある理由や意図で投稿されることの多いツイート内容を五つ前後選ぶように、基準値の方を調整して作業を行った。

表3-4 ツイート内容別のツイートする理由や意図における頻出語

ツイート内容	1位	2位	3位	4位	5位	6位	7位	8位	9位	10位	特有の語
1 今日の自分のしていることや内容かれている状況を書いたツイート	欲しい	知る	自分	なんとなく	特にない	報告	状況	記録	近況	ツイート	記録
2 自分のついさっきやり終えたことを書いたツイート	達成	自分	なんとなく	知る	特にない	報告	欲しい	記録	終わる	したい	記録
3 自分の今いる場所を書いたツイート	知る	場所	欲しい	特にない	近く	自分	欲しい	報告	人	友達	近く
4 知ったり、購入した商品・サービスについての自分の感想を書いたツイート	欲しい	知る	したい	思う	お薦め	自分	他人	フォロワー	良い	感想	お薦め・良い
5 見た映画（動画）、読んだ本・マンガ、遊んだゲームなどについての自分の感想を書いたツイート	したい	感想	欲しい	自分	人	特にない	共有	面白い	共感	思う	面白い
6 趣味に関するニュースや事実を知らせるツイート	趣味	知る	情報	人	共有	知る	自分	面白い	したい	特にない	同じ
7 あいさつを書いたツイート	挨拶	特にない	なんとなく	フォロワー	習慣	コミュニケーション	ツイート	気持ち	暇	知る	習慣・コミュニケーション
8 天気や気候や気温のことを書いたツイート	特にない	なんとなく	天気	暇	欲しい	共感	気持ち	知る	伝える	楽しい	暇
9 自分の食べた食事について書いたツイート	美味しい	食べる	したい	欲しい	記録	特にない	知る	共有	自慢	自分	記録・自慢
10 自分自身のうれしい気持ちを書いたツイート	欲しい	気持ち	嬉しい	したい	共感	知る	共有	特にない	なんとなく	伝える	近く
11 自分自身の驚いた気持ちを書いたツイート	欲しい	共感	驚く	知る	特にない	知る	気持ち	共有	なんとなく	驚き	
12 自分自身の面白いと思った気持ちを書いたツイート	欲しい	面白い	共感	共有	特にない	したい	特にない	思う	なんとなく	自分	
13 自分自身の悲しい気持ちを書いたツイート	欲しい	気持ち	悲しい	したい	自分	知る	自分	吐く	共感	自分	吐く
14 自分自身のさびしい気持ちを書いたツイート	欲しい	寂しい	気持ち	特にない	構う	特にない	特にない	紛らわす	共感	紛らわす	紛らわす
15 自分自身の腹立たしい気持ちを書いたツイート	欲しい	気持ち	ストレス	欲しい	したい	共感	自分	スッキリ	知る	吐く	ストレス・吐く
16 自分自身の疲れた気持ちを書いたツイート	欲しい	気持ち	発散	したい	なんとなく	知る	特にない	発散	知る	疲れる	ストレス・発散
17 自分自身の暇だという気持ちを書いたツイート	暇	知る	特にない	人	なんとなく	構う	探す	思う	遊ぶ	友達	遊ぶ
18 社会的なニュースについての自分の感想を書いたツイート	意見	自分	知る	知る	共感	特にない	考え	ニュース	共感	伝える	考え
19 今見ているテレビ番組についての自分の感想を書いたツイート	見る	したい	共有	同じ	共感	番組	感想	共有	共感	意見	同じ
20 好きな芸能人、クリエイター、スポーツ選手などについての自分の感想を書いたツイート	好き	人	共有	知る	欲しい	欲しい	特に	自分	同じ	感想	同じ
21 仕事や勉強、ブログ投稿など手間をかけた自分の活動の成果を知らせるツイート	欲しい	知る	特にない	達成	自分	見る	ブログ	したい	なんとなく	人	

表3-5　ツイートする理由や意図で「欲しい」の前に現れた語とその占有率

	ツイート内容	「欲しい」の前に現れた語					
		1位（左合計）			2位（左合計）		
		語	左合計値	左合計での占有率	語	左合計値	左合計での占有率
1	今自分のしていることや置かれている状況を書いたツイート	知る	67	65.0%	共感	11	10.7%
2	自分のついさっきやり終えたことを書いたツイート	知る	26	59.1%	言葉	4	9.1%
3	自分の今いる場所を書いたツイート	知る	27	87.1%	なんとなく	3	9.7%
4	知ったり、購入したりした商品・サービスについての自分の感想を書いたツイート	知る	29	61.7%	参考	7	14.9%
5	見た映画（動画）、読んだ本・マンガ、遊んだゲームなどについての自分の感想を書いたツイート	知る	18	50.0%	共感	6	16.7%
6	趣味に関するニュースや事実を知らせるツイート	知る	31	83.8%	人	6	16.2%
7	あいさつを書いたツイート	知る	4	50.0%			
8	天気や気候や気温のことを書いたツイート	共感	8	53.3%	知る	5	33.3%
9	自分の食べた食事について書いたツイート	知る	15	53.6%	見る	6	21.4%
10	自分自身のうれしい気持ちを書いたツイート	知る	28	38.9%	共感	25	34.7%
11	自分自身の驚いた気持ちを書いたツイート	共感	30	42.3%	知る	24	33.8%
12	自分自身の面白いと思った気持ちを書いたツイート	共感	34	38.2%	知る	29	32.6%
13	自分自身の悲しい気持ちを書いたツイート	知る	12	21.1%	共感	9	15.8%
14	自分自身のさびしい気持ちを書いたツイート	構う	13	28.3%	知る	8	17.4%
15	自分自身の腹立たしい気持ちを書いたツイート	共感	16	43.2%	知る	10	27.0%
16	自分自身の疲れた気持ちを書いたツイート	知る	13	28.9%	共感	5	11.1%
17	自分自身の暇だという気持ちを書いたツイート	構う	14	38.9%	知る	7	19.4%
18	社会的なニュースについての自分の感想を書いたツイート	知る	11	57.9%	聞く	4	21.1%
19	今見ているテレビ番組についての自分の感想を書いたツイート	共感	9	42.9%	知る	8	38.1%
20	好きな芸能人、クリエイター、スポーツ選手などについての自分の感想を書いたツイート	知る	22	78.6%	共感	2	7.1%
21	仕事や勉強、ブログ投稿などある程度手間をかけた自分の活動の成果を知らせるツイート	知る	18	47.4%	見る	6	15.8%

「左合計値」とは、「欲しい」の前（左）にその語が出現した回数
「左合計での占有率」とは、「欲しい」の前（左）に現れた語の合計出現回数に占める当該語の出現回数の割合
「左合計での占有率」については、「知る」の45％以上、「共感」の35％以上に網がけ

「知って欲しい」が投稿の強い理由となっているツイートを探るために、「知る」と「欲しい」の双方が表3-4の頻度で5位以内、かつ表3-5の「欲しい」に対する「知る」の左合計での占有率が45％以上という基準を設け、「今自分のしていることや置かれている状況」「自分の今いる場所」「知ったり、購入したりした商品・サービスについての自分の感想」「社会的なニュースについての自分の感想」「仕事や勉強、ブログ投稿などある程度手間をかけた自分の活動の成果」の五つを選んだ。これらはこの直後に登場する「共感して欲しい」ではなく、周知の性格の濃いものと言えよう。

同様に「共感して欲しい」が投稿の強い理由となっているツイートを探るために、「共感」も「欲しい」も頻度で6位以内、かつ「欲しい」に対する「共感」の左合計での占有率が35％以上という基準を設け、「天気や気候や気温」「自分自身の驚いた気持ち」「自分自身の面白いと思った気持ち」「自分自身の腹立たしい気持ち」の四つを選んだ。

「欲しい」ほどの出現率はないが、「したい」も何らかの語のあとに続く頻出語として挙がった（表3-4）。「したい」が登場する文脈であるが、動詞の活用形を考えると強制抽出を行わなかった「たい」も相応の頻度で登場すると考えられたため、双方の語の文脈の分析を行った。「したい」と「たい」の前に現れた語（「たい」は動詞のみが対象）の頻度1位と2位を示したのが表3-6である。「したい」では「共有したい」が多く、「たい」では「伝えたい」が多かった。

「共有したい」という意図が強いツイート内容を探るために、「共有」と「したい」の双方が表3-4の頻度で10位以内、かつ表3-5の「したい」に対する「共有」の左合計での占有率が45％以上という基準を設け、「見た映画（動画）、読んだ本・マンガ、遊んだゲームなどについての自分の感想」「趣味に関するニュースや事実」「自分自身の驚いた気持ち」「自分自身の面白いと思った気持ち」「好きな芸能人、クリエイター、スポーツ選手などについての自分の感想」の五つを選んだ。これらは仲間内や友人間での「共有」が想定されたものと考えられ、また「共有したい」気持ちを強く生むのは、「さびしさ」や「腹立たしさ」ではなく「驚き」と「面白さ」だということが判明した。

同様に「伝えたい」理由が強いツイート内容として、「伝える」が頻度で10位以内（「たい」は頻度分析の対象外）、かつ「たい」に対する「伝える」の左合計での占有率が20％以上という基準を設け、「自分自身のうれしい気持ち」「社会

表 3-6 ツイートする理由や意図で「したい」「たい」の前に現れた語とその占有率

	ツイート内容	「したい」の前に現れた語						「たい」の前に現れた語（動詞のみ）					
		1位（左合計）			2位（左合計）			1位（左合計）			2位（左合計）		
		語	左合計値	左合計での占有率	語	左合計値	左合計での占有率	語	左合計	左合計での占有率	語	左合計	左合計での占有率
1	今自分のしていることや置かれている状況を書いたツイート	共有	5	23.8%	報告	4	19.0%	伝える	10	23.8%	つぶやく	4	9.5%
2	自分のついさっきやり終えたことを書いたツイート	達成	8	33.3%	記録	6	25.0%	伝える	13	22.4%	知らす	9	15.5%
3	自分の今いる場所を書いたツイート	残	3	16.7%	アピール	3	16.7%	知らす	7	24.1%	伝える	6	20.7%
4	知ったり、購入したりした商品・サービスについての自分の感想を書いたツイート	お薦め	14	41.2%	共有	7	20.6%	伝える	9	18.8%	薦める	6	12.5%
5	見た映画（動画）、読んだ本・マンガ、遊んだゲームなどについての自分の感想を書いたツイート	共有	23	45.1%	お薦め	10	19.6%	伝える	11	20.4%	知らす	8	14.8%
6	趣味に関するニュースや時事を知らせるツイート	共有	21	65.6%	情報	5	15.6%	知らす	22	34.9%	伝える	6	9.5%
7	あいさつを書いたツイート	挨拶	2	40.0%				つぶやく	2	18.2%			
8	天気や気候や気温のことを書いたツイート	共有	4	40.0%	気持ち	2	20.0%	知らす	5	23.8%	知らす	4	19.0%
9	自分の食べっきや食事について書いたツイート	共有	14	35.9%	自慢	10	25.6%	伝える	13	29.5%	教える	7	15.9%
10	自分自身のうれしい気持ちを書いたツイート	共有	20	39.2%	気持ち	15	29.4%	伝える	21	37.5%	言う	7	12.5%
11	自分自身の驚いた気持ちを書いたツイート	共有	20	58.8%	気持ち	9	26.5%	伝える	10	18.2%	得む	9	16.4%
12	自分自身の面白いと思った気持ちを書いたツイート	共有	35	71.4%	面白い	11	22.4%	伝える	15	25.9%	知らす	14	24.1%
13	自分自身の悲しい気持ちを書いたツイート	吐く	9	52.9%	気持ち	7	41.2%	吐く	2	10.0%	つぶやく	2	10.0%
14	自分自身のさびしい気持ちを書いたツイート	気持ち	7	50.0%	気持ち	4	28.6%	つぶやく	2	6.9%	つぶやく	4	6.9%
15	自分自身の腹立たしい気持ちを書いたツイート	気持ち	10	41.7%	吐く	8	33.3%	聞く	3	11.1%	つぶやく	3	11.1%
16	自分自身の疲れた気持ちを書いたツイート	気持ち	9	42.9%	吐く	6	28.6%	聞く	4	6.9%	言う	3	5.2%
17	自分自身の暇だという気持ちを書いたツイート	話	2	50.0%				遊ぶ	4	23.5%	絡む	2	11.8%
18	社会的なニュースについての自分の感想を書いたツイート	共有	4	22.2%	意見	4	22.2%	伝える	9	21.4%	聞く	5	11.9%
19	今見ているテレビ番組についての自分の感想を書いたツイート	共有	16	42.1%	共感	12	31.6%	伝える	5	11.6%	得る	4	9.3%
20	好きな芸能人、クリエイター、スポーツ選手を応援などについての自分の感想を書いたツイート	共有	16	50.0%	好き	6	18.8%	伝える	7	17.1%	聞く	4	9.8%
21	仕事や勉強、ブログ投稿などある程度手間をかけた自分の活動の成果を知らせるツイート	共有	2	20.0%	自慢	2	20.0%	知らす	8	47.1%	伝える	4	23.5%

「語」の「共有」と「伝える」に網かけ
「左合計値」とは「したい」もしくは「たい」の前（左）にその語が出現した回数
「左合計での占有率」とは、「したい」もしくは「たい」の前（左）に現れた語の合計出現回数に占める当該語の出現回数の割合
「左合計での占有率」については、「共有」の45%以上、「伝える」の20%以上に網かけ

的なニュースについての自分の感想」の二つを選定した。「うれしさ」は、まずは「伝えたい」という自分の行為に向かわせる種類の感情のようで、そこが相手をまずは想定し「共有したい」となる「驚き」や「面白さ」とは異なる点である。

　その他、表3-6の13~16番に見られた特徴的な語に「吐く」がある。これは「気持ち」と合わせ「気持ちを吐き出したい」という語の連なりになることが多い。「吐く」は、「悲しさ」「さびしさ」「腹立たしさ」「疲れ」を表すツイートで頻出し、この結果は先に述べたカタルシスを生むツイートと一致している。つまり楽になる目的で「気持ちを吐き出している」のがこれらのツイート群であると考えて良かろう。また「知ったり、購入したりした商品・サービスについての自分の感想」と「見た映画（動画）、読んだ本・マンガ、遊んだゲームなどについての自分の感想」では、「お薦めしたい」意図が、「自分の食べた食事」「仕事や勉強、ブログ投稿などある程度手間をかけた自分の活動の成果」では、「共有したい」と同時に「自慢したい」意図も頻度は少ないが現れた。

　表3-4に戻り、特有の語三つに注目しよう。まずは「記録」である。「今自分のしていることや置かれている状況」「自分のついさっきやり終えたこと」「自分の食べた食事」の3種類の内容は、記録目的でも投稿される場合がある。次に「ストレス」「発散」が特有の語であるツイートとして、「自分自身の腹立たしい気持ち」「自分自身の疲れた気持ち」の二つがある。これらは先述のとおり「読み手を特に想定することなく」感情にまかせて投稿されるツイートであると推測される。最後は「同じ」である。この語が頻出するのは「趣味に関するニュースや事実」「今見ているテレビ番組についての自分の感想」「好きな芸能人、クリエイター、スポーツ選手などについての自分の感想」の3種類のツイートであるが、投稿目的には、同じ趣味の人などと「共有したい」が多い。ただし同じ趣味の人などに見つけてもらい、その見知らぬ人との交流を目的とするものも少数だが含まれる。まずはフォロワーへと限定的に配信されるツイートだが、固有名詞やハッシュタグなどをたよりにどこからともなく自分のツイートに対する反応がやってくるという点に期待する利用者も一部に存在すると考えられる。

3 特に目的なくなされる「つぶやき」

　ここまでツイート内容別にその投稿の理由や意図を探ってきたが、さしたる目的や意図なくなされるツイートが少なくない点を指摘しておきたい。ツイートする理由や意図を尋ねたにもかかわらず、回答に多く出現した語に「特にない」と「なんとなく」があった（表3-4）。2語の合計出現率が高い上位3種類のツイートは「天気や気候や気温」（順に14.7％、12.6％で合計27.3％）、「あいさつ」（12.7％、11.2％、計23.9％）、「自分自身の暇だという気持ち」（12.2％、8.7％、計20.9％）で、いずれも20％を超えた。逆に2語の合計出現率が低く、何らかの明確な目的をもってなされる傾向を持つツイートは、「自分自身の悲しい気持ち」（7.1％、2.9％、計10.0％）、「自分自身の腹立たしい気持ち」（7.9％、2.9％、計10.8％）、「見た映画（動画）、読んだ本・マンガ、遊んだゲームなどについての自分の感想」（6.0％、2.0％、計8.0％）、「趣味に関するニュースや事実」（6.9％、4.0％、計10.9％）の四つであった。このうち前二者はカタルシス目的、後二者は仲間との共有が目的となっているのはすでに見たとおりである。

　明確な目的なく投稿されるツイートの上位三つは「週1回程度」以上投稿する者の割合が35％前後と21種類のツイートの中では頻度の高い部類に入るわけではない。しかし、ここでのツイート内容の半分以上の11種類は「特にない」と「なんとなく」の合計出現率が15％以上であり、このことは6人に1人がさしたる理由や意図を持たずにそれらをツイートしているとも言える。

第六節　10代利用者の「つぶやき」の理由や意図

　第二節で、20歳から39歳までの利用者を4群に分け、第1調査のログデータを基に彼らのツイートの定量的把握を行った。その結果、20～24歳層で投稿ツイート数が多く、1ツイート長の短い傾向が見られた。若年層に見られるこの二つの傾向は、10代後半層のデータが第1／第2調査では取得できていないため、この層に当てはまるのかは明らかではない。けれどもその分析の延長として、本節では特徴的な15～19歳層の「つぶやき」のわけを整理しよう。

第2動機調査では、15歳から39歳までの5歳きざみの5群が同割合になるようにサンプルの割付を行ったので、ツイート内容に年代別の投稿頻度差がなければ、15～19歳のサンプルがそのツイート内容の20％を占めることになる。たとえば最も良く投稿されていた「今自分のしていることや置かれている状況を書いたツイート」は643人が「週に1回程度」以上投稿していたが、この20％の129人は15～19歳になる。ところが、21種類の全ツイート内容でその率は20％を上回った。つまり10代後半層では幅広い内容で多数のツイート投稿がなされている。これはログデータにおける20～24歳層と同傾向である。なかでも10代後半層のサンプルが多くを占めるツイート内容は、32.8％を占めた「自分自身の暇だという気持ち」を筆頭に、「仕事や勉強、ブログ投稿などある程度手間をかけた自分の活動の成果」(28.6％)、「自分自身のさびしい気持ち」(28.1％)、「自分自身の疲れた気持ち」(27.6％)であった。

　ではツイート投稿の理由や意図の分析に進もう。ツイート内容別にその投稿理由のテキストマイニング結果を、頻出語とその出現率について6位までまとめた（表3-7、表3-8）。上段が15～19歳、下段が20～39歳を示している。

　全体での最頻出語「欲しい」に注目すると、10代後半層では、この語が20代以上に頻出するという興味深い結果が得られた。「欲しい」は表3-7、表3-8で網がけしてあるが、「今自分自身のしていることや置かれている状況」や「自分のついさっきやり終えたこと」といったツイート内容で10代後半層と20代以上層に頻出順位の差がある。また同順位の場合でも「自分自身の驚いた気持ち」や「自分自身の面白いと思った気持ち」のように、出現率は10代後半層において20代以上よりも高い場合が多い。さらに10代後半層において「したい」が表中にあがってこないことや、「したい」が出現する場合でも「欲しい」との順位の関係から、彼らが自ら何かを「したい」というよりも、他者に何かを「して欲しい」がためにツイートするという傾向が確認できる。

　たとえばどの年代でも投稿数の多い、「今自分自身のしていることや置かれている状況」「自分のついさっきやり終えたこと」では、10代後半層の投稿理由には、20代以上の頻出語である「記録」はほとんど出現せず[17]、文脈の分析から10代後半層が「知って欲しい」意図からそれらをツイートすることが非常に多いと判明した。つまり10代後半層は他者に対する期待が、他の層よりも投稿理由に多く現れている。

表 3-7 ツイート内容別（前半）のツイートする理由や意図図における頻出語（年齢層別比較）

	ツイート内容	年代	1位 語	1位 出現率	2位 語	2位 出現率	3位 語	3位 出現率	4位 語	4位 出現率	5位 語	5位 出現率	6位 語	6位 出現率
1	今自分のしていることや置かれている状況を書いたツイート	15～19歳	欲しい	24.5%	知る	21.7%	自分	12.6%	特にない	11.9%	なんとなく	9.1%	状況	9.1%
		20～39歳	自分	14.0%	知る	13.6%	欲しい	13.6%	なんとなく	9.0%	記録	7.2%	報告	7.0%
2	自分のついさっきやり終えたことを書いたツイート	15～19歳	達成	18.3%	知る	15.9%	特にない	11.1%	欲しい	11.1%	報告	9.5%	自分	7.9%
		20～39歳	達成	13.0%	なんとなく	9.4%	自分	9.4%	記録	7.6%	報告	7.6%	特にない	7.3%
3	自分の今いる場所を書いたツイート	15～19歳	知る	16.9%	人	11.7%	欲しい	11.7%	特にない	9.1%	特にない	9.1%	自分	7.8%
		20～39歳	知る	13.8%	場所	12.9%	特にない	10.1%	欲しい	10.1%	報告	7.4%	記録	6.5%
4	知ったり、購入した商品・サービスについての自分の感想を書いたツイート	15～19歳	欲しい	17.9%	知る	11.9%	したい	10.4%	他人	10.4%	お薦め	7.5%	思う	7.5%
		20～39歳	欲しい	13.9%	知る	12.7%	思う	10.7%	自分	9.1%	自分	8.7%	特にない	7.1%
5	見た映画（動画）、読んだ本・マンガ、遊んだゲームなどについての自分の感想を書いたツイート	15～19歳	欲しい	18.2%	知る	16.7%	面白い	15.2%	したい	13.6%	感想	12.1%	欲しい	10.6%
		20～39歳	したい	18.0%	感想	12.9%	人	11.6%	自分	11.2%	共有	10.7%	欲しい	10.3%
6	趣味に関するニュースや事実を知らせるツイート	15～19歳	趣味	23.5%	知る	18.8%	共有	15.3%	人	14.1%	欲しい	14.1%	したい	10.6%
		20～39歳	趣味	16.0%	知る	15.7%	情報	15.4%	共有	12.5%	共有	11.6%	同じ	10.7%
7	あいさつを書いたツイート	15～19歳	挨拶	23.3%	なんとなく	16.7%	特にない	11.7%	フォロー	6.7%	コミュニケーション	5.0%	ツイート	5.0%
		20～39歳	挨拶	18.8%	特にない	13.0%	なんとなく	9.7%	習慣	4.8%	コミュニケーション	4.3%	フォロワー	4.3%
8	天気や気候や気温のことを書いたツイート	15～19歳	特にない	14.3%	なんとなく	12.7%	共感	12.7%	共感	9.5%	暇	7.9%	気持ち	7.9%
		20～39歳	特にない	14.9%	なんとなく	12.6%	天気	7.0%	暇	5.1%	楽しい	4.7%	伝える	4.7%
9	自分の食べた食事について書いたツイート	15～19歳	食べる	17.1%	美味しい	17.1%	欲しい	12.9%	したい	11.4%	知る	11.4%	お薦め	7.1%
		20～39歳	美味しい	17.0%	したい	11.7%	食べる	10.6%	記録	8.7%	特にない	8.3%	共有	7.2%
10	自分自身のうれしい気持ちを書いたツイート	15～19歳	欲しい	25.5%	気持ち	17.3%	嬉しい	14.3%	嬉しい	13.3%	共感	12.2%	したい	10.2%
		20～39歳	欲しい	16.0%	欲しい	14.5%	知る	13.6%	共感	12.7%	共感	9.3%	自有	10.2%
11	自分自身の驚いた気持ちを書いたツイート	15～19歳	気持ち	27.1%	共感	16.7%	知る	13.5%	特にない	11.5%	なんとなく	8.3%	共有	8.3%
		20～39歳	欲しい	15.2%	共感	13.2%	驚く	11.1%	気持ち	9.5%	したい	9.1%	知る	9.1%

同順位であるながら別順位で表示されている場合や同率6位で表示されていない場合もある
「欲しい」に網がけ

❸章 人びとの「つぶやき」のわけ 99

表3-8 ツイート内容別（後半）のツイートする理由や意図における頻出語（年齢層別比較）

	ツイート内容	年代	1位 語	1位 出現率	2位 語	2位 出現率	3位 語	3位 出現率	4位 語	4位 出現率	5位 語	5位 出現率	6位 語	6位 出現率
12	自分自身の面白いと思った気持ちを書いたツイート	15～19歳	共感	26.0%	共感	20.0%	面白い	14.0%	共有	11.0%	特にない	9.0%	知る	8.0%
		20～39歳	欲しい	18.3%	面白い	16.9%	共感	12.8%	したい	12.2%	共有	11.3%	知る	8.7%
13	自分自身の悲しい気持ちを書いたツイート	15～19歳	欲しい	28.6%	紛らわす	9.5%	慰める	7.9%	したい	7.9%	特にない	7.9%	悲しい	7.9%
		20～39歳	欲しい	22.3%	気持ち	15.4%	自分	8.6%	知る	8.0%	吐く	7.4%	悲しい	7.4%
14	自分自身のさびしい気持ちを書いたツイート	15～19歳	欲しい	22.8%	寂しい	12.3%	紛らわす	10.5%	特にない	8.8%	なんとなく	7.0%	共感	7.0%
		20～39歳	欲しい	22.6%	気持ち	11.6%	寂しい	11.0%	知る	9.6%	したい	8.9%	構う	8.2%
15	自分自身の腹立たしい気持ちを書いたツイート	15～19歳	ストレス	18.8%	発散	18.8%	欲しい	14.1%	気持ち	9.4%	特にない	9.4%	知る	7.8%
		20～39歳	欲しい	16.0%	気持ち	14.9%	共感	12.0%	したい	10.9%	ストレス	9.1%	発散	8.6%
16	自分自身の疲れた気持ちを書いたツイート	15～19歳	なんとなく	13.2%	発散	11.8%	ストレス	9.2%	気持ち	9.2%	ストレス	9.2%	発散	7.9%
		20～39歳	欲しい	18.1%	気持ち	12.1%	特にない	9.5%	したい	8.5%	なんとなく	6.5%	自分	6.5%
17	自分自身の暇だという気持ちを書いたツイート	15～19歳	暇	36.0%	なんとなく	13.3%	特にない	13.3%	人	10.7%	特にない	8.0%	知る	6.7%
		20～39歳	暇	33.8%	欲しい	16.9%	特にない	14.3%	構う	10.4%	人	8.4%	なんとなく	6.5%
18	社会的なニュースについての自分の感想を書いたツイート	15～19歳	特にない	22.4%	意見	18.4%	自分	18.4%	知る	12.2%	知る	12.2%	欲しい	10.2%
		20～39歳	意見	16.6%	自分	16.6%	知る	11.7%	したい	9.8%	特にない	8.6%	欲しい	8.6%
19	今見ているテレビ番組についての自分の感想を書いたツイート	15～19歳	見る	16.4%	欲しい	14.9%	共感	13.4%	共感	10.4%	人	10.4%	知る	10.4%
		20～39歳	見る	19.8%	同じ	14.2%	したい	13.7%	共感	13.7%	共感	11.8%	感想	10.8%
20	好きな芸能人、クリエイター、スポーツ選手などについての自分の感想を書いたツイート	15～19歳	好き	18.3%	知る	16.9%	共有	15.5%	趣味	15.5%	したい	14.1%	共感	14.1%
		20～39歳	好き	11.6%	人	11.6%	共有	10.6%	特にない	10.2%	自分	10.2%	特にない	10.2%
21	仕事や勉強、ブログ投稿などある程度手間をかけた自分の活動の成果を知らせるツイート	15～19歳	達成	22.4%	知る	15.5%	知る	13.8%	特にない	13.8%	特にない	6.9%	見る	6.9%
		20～39歳	欲しい	17.2%	知る	13.8%	特にない	11.0%	自分	11.0%	ブログ	8.3%	見る	6.2%

同順位であり ながら別順位で表示されている場合や同率6位で表示されている場合もある
「欲しい」に網かけ

なお第2動機調査での10代後半層のフォロー数とフォロワー数（本人による回答）は表3-9のとおりで、両者とも10代後半層の方が20代以上よりも多く[18]、『ソーシャルメディア白書』（トライバルメディアハウスほか, 2012）のデータとも整合する。ここで、最も若い20〜24歳層において相互フォロー数が多いという2章で得られた知見を10代後半層にも適用すれば、会ったことのない者も多く含む相互フォローの関係を持つ多数のフォロワーに対して、10代後半層は「知って欲しい」という理由で投稿していることが多いと考えられる。

　けれども注意すべき点がある。「知って欲しい」という理由での投稿が多い10代後半層は20代以上より他者を意識しているが、その他者が必ずしも具体的な人物やアカウントではないという点である。というのも、「今自分のしていることや置かれている状況」「自分のついさっきやり終えたこと」での想定読者は、10代後半層でも他層と大差なく[19]、いずれでも「読み手を特に想定することなく」が最多の割合となっているからである。

　小林とボース（Kobayashi & Boase, 2014）は、携帯電話による若者のテキスト・コミュニケーションが限られた相手との間でのみなされている状況を繭にくるまれた状態に見立て「テレ・コクーン（tele-cocoon）」と呼んだ。そして人びとの「一般的信頼」（山岸, 1998）を計る質問文に登場する「ほとんどの人は」という表現[20]で若者によって想像される対象（世界）は、そもそも小さく、あるいは小さくなってきており、この質問文が若年層では有効に機能していないのではないかという疑義を示した。この「テレ・コクーン」概念を用いると、10代後半層に意識されている他者とは、フォロワーの誰かではあるものの、さほど強く具体化（表象）されないもので、しかしながら実体はフォロワーの一部をなす親しい者（オンライン、オフラインの関係を問わない）であると推測される。つまり、そのような「他者」に対して、何らかの期待をしながら半ば習慣的に頻繁にツイート投稿するのが10代後半層であろうという見方ができる。

　さらにツイート内容に気持ちを表現するタイプのツイートを分析すると、「うれしい」「面白い」という肯定的感情と「驚いた」という感情については、10代後半層は「共感して欲しい」という理由から投稿することが多く、それらが「他者」からの感情を伴った承認や、そこから始まるオンラインでの「『他者』との軽めの交流」に期待しての投稿だと推測できる。

　この分析結果は、若年層を分析した木村（2012）の述べる、「感情に心が動か

表3-9　年代層別フォロー数とフォロワー数（本人による回答）

年代	10代後半（N=151）		20代以上（N=571）	
指標	フォロー数	フォロワー数	フォロー数	フォロワー数
平均値（標準偏差）	285.8（390.8）	281.1（439.1）	231.2（534.7）	220.5（556.9）
中央値	186	180	95	75

されている程度」（＝テンション）を共有するだけでも近い対人関係にあると若い層ほど認識するようになってきている、という知見が、場の解体されたソーシャルメディアであるツイッターにおいて現れている、と解釈すれば納得ができるのではないだろうか。木村の主張は、「テンションの共有」という軸が、従来は対人距離と密接に関わっていた「親密さ」の軸から独立しつつある、というものだが、この「テンションの共有」は先に筆者が「『他者』との軽めの交流」と書いたものに近い。

　興味深いことに、「腹立たしい」「疲れた」「暇だ」という否定的感情やカタルシスをもたらす感情を表現したツイートについて、10代後半層が「知って欲しい」や「共感して欲しい」と思う程度は、20代以上に比べて弱い。つまり何らかの期待の対象としての「他者」の存在がこれらのツイートでは薄れている。しかしながらこれらのツイートの投稿数はきわめて多い。つまり10代後半層においては、「ストレスを発散したい」と思ったときに、ツイートという行為に結びつきやすいようである。

第七節　「つぶやき」の理由や意図に関するまとめ

　本章では、アンケートデータ、ログデータ、また自由記述データを使い、ツイッターへの投稿理由や意図をツイート内容別に検討してきた。箇条書きで、前半のポイントを整理しよう。

1　ツイートの頻出語と感情に関するまとめ

　（1）メンションと公式リツイートを除いたオリジナルツイートにおける

頻出語の共起分析では、「今日」や「人」といった名詞と「する」「思う」などの動詞との組合せで書かれる「出来事系ツイート」が多い。この結果は「週に1回程度」以上の投稿頻度で見たときに、「今自分のしていることや置かれている状況」(88.1%)と「自分のついさっきやり終えたこと」(77.2%)が上位二つとなったことと整合する。

（2） オリジナルツイートでの頻出語として、女性では「気持ち」「めっちゃ」「ありがと」が特徴的で、男性よりも感情表現が多く、お得系ツイートを多く発信する傾向を持つ。年齢層別に見ると、20-24歳層では「バイト」「めっちゃ」「楽しみ」といった語が他年齢層と比べて多く、利用者単位での共起分析による語のグループ数の多さから、若年層では多様な内容がツイートされていると考えられる。

（3） ツイートを生み出しやすい感情としては、「楽しい」「うれしい」「面白い」「好きだ」といった肯定的なものが挙げられ、このうち「うれしい」は「伝えたい」という理由に、「面白い」は「共有したい」「共感して欲しい」という理由に結びついて投稿される。

（4） 否定的感情を表現したツイートを除けば、ツイートは概ねコンサマトリー性の動機を満たすものとなっており、特に、本・マンガ・ゲーム・テレビ番組・動画といったコンテンツについての自分の感想を記したツイートでその傾向が強い。

（5） 「腹立たしさ」「悲しさ」「疲れ」「さびしさ」という、喜怒哀楽のうち「怒」と「哀」を表現するツイートは「気持ちを吐き出したい」という目的でなされ、その目的はカタルシスだと考えられる。

（6） ツイート内容によって想定される読み手は大きく変わらず、「読み手を特に想定しない」ツイートが多く投稿されている。

2 ツイート内容と投稿理由の関係

本章後半では、テキストマイニングによる頻出語をたよりに、いくつかの切り口でツイートの理由や意図を分析したが、それらをまとめたのが表3-10である。丸を付したツイート内容が、当該の投稿理由や想定読者に強く結びついたものである。探索的分析の結果であるが、それでも7グループに分けたツ

表3-10　ツイート内容とその投稿理由や意図との関係

グループ	ツイート内容	知って欲しい	お薦めしたい	自慢	伝えたい	共有して欲しい	コンサマトリー	気持ちを吐き出したい	記録	ストレス発散	仲間捜し	目的明確	目的不明確	読者想定せず	フォロワー全員	フォロワーの一部
1	知ったり、購入した商品・サービスについての自分の感想を書いたツイート	○	○												○	
1	社会的なニュースについての自分の感想を書いたツイート	○			○											
1	自分自身のうれしい気持ちを書いたツイート				○	○									○	
2	自分の食べた食事について書いたツイート		○						○							
2	仕事や勉強、ブログ投稿などある程度手間をかけた自分の活動の成果を知らせるツイート	○	○													
3	今自分のしていることや置かれている状況を書いたツイート	○							○							
3	自分のついさっきやり終えたことを書いたツイート								○							
3	自分の今いる場所を書いたツイート	○														○
3	自分自身の暇だという気持ちを書いたツイート										○			○		
4	見た映画（動画）、読んだ本・マンガ、遊んだゲームなどについての自分の感想を書いたツイート	○			○		○									
4	趣味に関するニュースや事実を知らせるツイート				○						○	○				○
4	今見ているテレビ番組についての自分の感想を書いたツイート				○	○					○					
4	好きな芸能人、クリエイター、スポーツ選手などについての自分の感想を書いたツイート				○						○					
5	自分自身の驚いた気持ちを書いたツイート				○	○										
5	自分自身の面白いと思った気持ちを書いたツイート				○	○	○									
6	自分自身の腹立たしい気持ちを書いたツイート						○	○		○		○		○		
6	自分自身の悲しい気持ちを書いたツイート							○		○		○		○		
6	自分自身のさびしい気持ちを書いたツイート							○			○					○
6	自分自身の疲れた気持ちを書いたツイート							○		○						
7	あいさつを書いたツイート											○				
7	天気や気候や気温のことを書いたツイート				○							○				

イート内容とその投稿理由や意図との関係は、全般的な両者の関係把握には大いに役立つであろう。

表3-10を上から見ていくと、まず「知って欲しい」という理由で投稿されるツイートが3グループ存在する。第1グループは想定読者が「フォロワー全員」という点にも特徴のある広い範囲への周知目的のツイート群である。「うれしい」気持ちの源泉は自身の体験による場合もあるだろうし、その源泉が「商品」や「社会的な」ニュースである場合も考えられる。第2グループは自分の成果の報告であり、潜在に自慢したい心理も含むもので、フェイスブックで一定割合を占めるコンテンツと重複するものだと考えられる（Mehdizadeh, 2010）。第3グループは、記録目的も含んだ自分の日常的な出来事を書いたツイートで、これらは友人や知人からの反応も期待したものだと考えられる（Naaman et al., 2010）。

第4グループは共通の趣味や、共通の好きな芸能人などを持つ一部のフォロワーと「共有したい」目的で投稿されるツイートである。この中には、新たに仲間を探す目的で投稿されるものもあり、情報縁による直接会ったことのない関係を主とした社交が展開されている。類似するグループであるが、第5グループは「共感して欲しい」という語彙が「共有したい」よりも前面に出る、「驚き」と「面白さ」を伝えるために投稿されるツイートと考えて良いだろう。というのも、この「驚き」と「面白さ」は、投稿者のフォロワーにおいて、そのフォロワー全員に向けての公式リツイートを呼び起こす感情で、オリジナルツイートの投稿者はその反応を期待して投稿していると考えられるからである（4章）。

感情を表現するツイートでも、その感情が否定的なものが第6グループである。これらは「気持ちを吐き出して」カタルシスを得るために「読み手を特に想定しない」で投稿されることも多い。最後の第7グループは、明確な目的がなく、フォロワーの誰かではあるもののさほど強く具体化されることのない他者に向けてなされるツイートであると推測される。

3　七つの「つぶやき」のわけ

以上の考察をもとに、投稿の理由や意図だけで整理した7パターンが表3-

表3-11　ツイート投稿の理由や意図の7パターン

パターン	ツイート投稿の理由や意図
1	フォロワー全体への広い周知。肯定的な感情が強くなると、「知って欲しい」から「伝えたい」と自らの行為に関心が移る。
2	自分の成果について周知／記録し、自慢する。
3	関心を自らに向けてもらうために、フォロワーの一部に対して周知。自身への記録の意味合いもあるが、それには濃淡あり。
4	共通の趣味や、共通の好みの人物／コンテンツを介した仲間との情報共有、および交流。
5	フォロワーによる共有や共感を目指し、またRTを誘発しやすい内容であることを理解した上で情報の拡散を意図する。
6	否定的な感情を解消するカタルシスを期待しての投稿。一部には好意的な反応をもらう目的も含まれる。
7	明確な投稿目的はないとされるが、「他者との軽めの交流」への期待もある。

11である。アンケート調査では低く出た「アイデンティティの表出」については、第2パターンでの「自慢」や第5パターンでの「拡散期待」にその要素が見られた。逆に「一般的互酬性への期待」の要素は見出されなかった。ただし全体で非常に多く見られた「〜して欲しい」という他者に対する期待への報酬がなんらかの形で投稿者に与えられ、書き手と読み手が入れ替わりながら、両者の間もしくはツイッターというサービス全体でそれらがバランスしている可能性はある。

4　ツイッターにおける他者への期待

　最後に、本章の分析を通じて見られた2つの特徴に触れる。第一点は、「天気や天候や気温」を代表的なものとして、21種類のツイート内容の半分以上を、6人に1人が明確な理由や意図のないままに投稿している点である。第二点は、投稿理由の最頻出語が「欲しい」であり、同時にほとんどのツイート内容において「読み手を特に想定することなく」投稿されることが最も多くを占めていたことである。

　第一点についての理由は、まずもってツイッターの投稿コストの低さがあるだろう。つまり日本人は、ツイッターでの投稿文字数は少なく（Neubig &

Duh, 2013)、また投稿するのはテキストではなく写真（動画）でも良いということである。裏返せば、多くのフォロワーにとってはさして重要ではない内容がツイッターでは相当数を占めるわけで、このような他愛のないツイートが時に反応を生む点がツイッターの特徴と言えるだろう。実際、われわれは近隣の住人や友人とも挨拶や天候の話題からコミュニケーションを開始することが多く、「ひとりよがりなもの」と先に書いた否定的な感情を吐露するツイートも含めて、そのようなものが「他者との軽めの交流」をツイッターでは呼び起こしている。さらにそのような一連のプロセスが実際に経験されていたとしても、それが投稿者にあらかじめ設定された強い目的とはならないため、利用者の投稿理由としては「特にない」「なんとなく」と表現されるのだろう。

　第二点については次のように考えられる。ダンバー（Dunbar, 2010 藤井訳, 2011）によれば、私たちが現実世界で生活する際に個体として識別可能なのは150名程度である。仮にオンラインで勝手にフォローされた相手であればその関心も薄く、ましてや当初は相手を具体的にイメージできない。言い換えれば、2章で見たように、ツイッターを既存社交動機によって利用し、相互フォローが多く、フォロー数／フォロワー数が30未満というような利用者でなければ、利用者は読者を想定しようにも難しい。つまりオンライン人気獲得、娯楽、情報獲得という動機で利用する個人ユーザーにおいてフォロワー数が多くなれば、自分のツイートの読者を想定することが認知的に困難になる。

　二点に共通に関わってくるのが、自身の投稿ツイートが多数の利用者の見る場には表示されないツイッターの情報環境であろう。この環境により、読者の存在に対する意識は希薄化されると同時に、投稿することやコンテンツへの責任も希薄になりがちだと考えられる。これは心理面における投稿コストが小さいということでもある。逆説的であるが、「〜して欲しい」という理由が強いのも、すなわち他者への期待を表したものが頻出語になった背景にも、ツイートを誰が読むか分からないから、ただし自分に何らかの関心を持った人が読むだろうから、他者への期待が促進されるというメカニズムが働いているとも考えられる。もちろんこれは、他の情報環境を持つソーシャルメディアとの比較がなされていない現段階では仮説にすぎない。しかし、投稿コストの低さ、フォローの自由度の高さ、誰もが見る共通の画面のないことが、ダンバーの言う人間の認知的限界とあいまって、読者に対する意識や投稿行為あるいはコン

テンツへの責任という要素を規定している可能性はここで指摘しておきたい。

さて、前述の第二点のうち、読者を特に想定することなく投稿される多岐にわたるツイートと関連を持つのが、人類学者である木村大治（2003）の記した「ボナンゴ」と呼ばれるザイールの農耕民ボンガンドによってなされる発話形式である。それは大声でなされるため、語る人だけを見ていると「演説」と形容できるものだが、それが語られている時にはその周囲には人の姿が見えず、またボナンゴを語る人の脇をあたかも語り手が存在していないかのように他の人が通り過ぎていくこともあるという、「相手を特定しない、大声の発話」（木村，2003, p.70）である。木村は「投擲的発話」とも呼んでいる。もう少し説明を加えると、話者においては不特定多数の人に「知って欲しい」という意図をもって語られる一方、聞かされる側からすると、その内容はさしたる意味を持たず、「聞く必要のない内容の話」といった含みを持つという（同，p. 84）。その内容には「腹が減った」「毎日雨ばかり！」という愚痴も含まれるようで、実際にボンガンドはボナンゴには反応を示さないことが適切な態度であるように振る舞う。そのため、木村はこの態度をゴフマン（Goffman, 1963 丸木他訳, 1980）の「儀礼的無関心」になぞらえている[21]。

木村（2003）の最終章では、インターネットにおけるコミュニケーションについても、「アドレス性」（誰に向けて発話を行うのか）と「レスポンスの早さ」という二つの視点から分析が加えられている。そこでは、ホームページはアドレス性が希薄でレスポンスも遅いとされる。このアドレス性の希薄さやレスポンス性の遅さを解消する技術が、ブログのRSSであり、ツイッターではフォロワーと携帯デバイスに表示されるタイムラインである。しかし場が解体されていると同時に自由なフォローができるツイッターにおいてはアドレス性が希薄化される。したがって「大声の」部分を複数のフォロワーに対してなされるものだと解すれば、ボナンゴとツイートは多数への投擲的発話という点から類似のものだと主張できる（木村，2011）。

しかしながら、2014年のツイートする理由や意図のデータからは、ツイートの多くがボナンゴであるという結論を導くことは早計である。なぜならば、ツイート投稿の理由や意図として「〜して欲しい」という他者への期待があまりにも多かったからである。さらに第1調査でツイートにリプライを「週に1回程度」以上する者は38.6％おり、非公式リツイートを含めたリツイートを「週

に数回」以上する者は27.1％いた。また本章の分析ではツイート数の26.1％がメンション、9.8％が公式リツイートであり、この比率が儀礼的無関心と言い切るには十分に多いのではないかと考えさせるからである。つまり投擲して終わりというものが多いというわけではないだろうという見方である。

であるならば、次なる問いはこうなるだろう。投稿されたツイートに利用者が反応する場合、もう少し限定すればツイートを転送する場合、その理由や意図はツイート時とどう変わり、また変わらないのであろうか、と。ツイートに込められた他者への期待は受信者による転送という反応とともに満たされているのだろうか、と。この元ツイートに反応し、転送することの理由と意図の分析が、次章での課題になる。

注
1) http://www.well.com/~szpak/cm/index.html
2) von Krough et al. (2012) の目的は、動機が直結する要素を社会的実践と制度との二つを分け、それぞれが内的な財（高品質なソフトウェア）と外的な財（給与や就業機会）につながるという新しい理論の構築にある。このため論文中では動機についての調査は行っていない。
3) 日本の2005年度のアフィリエイト市場規模は314億円で、2012年度（見込）は1,276億円。2015年度（予測）は1659億円である（矢野経済研究所、2006；2012）。
4) ソーシャルメディアの普及により情報発信が当たり前になるのと裏腹に、投稿動機研究は、前項までで取り上げたような知的活動以外については減少傾向にある。それが特別なことでなくなり学問的関心が向かわなくなったことや、その動機が多岐にわたり調査困難性が増したことなどが理由と考えられる。
5) たとえば非公式リツイートは、公式リツイートとは排他であるが、オリジナルツイートであり、メンションやURL、ハッシュタグ等を含む場合がある。
6) 1,546,041語追加した。ウィキペディアキーワード：http://dumps.wikimedia.org/jawiki/latest/jawiki-latest-all-titles-in-ns0.gz、はてなブックマークキーワード：http://d.hatena.ne.jp/images/keyword/keywordlist_furigana.csv
7) 形態素解析で、どのような言葉が使われているかを見る場合、それらの語が何回使用されたかを分析することもあるが、ここでは同じようなツイートが繰り返し行われている可能性を考慮し、それらの語を利用している利用者の割合で検討した。
8) 使用された抽出語数。記号を用いた顔文字等で、一部語として認識されなかった部分も存在する。
9) KH Coderの共起ネットワークを用いた。集計単位を利用者、最小文書数を5、名詞および副詞可能（名詞）となった語を対象とし、描画数の上限を100とした。集計単位を利用者とし、最小文書数を5としたのは、同じようなツイートを繰り返し行われていた場合、それらを排除するためである。また最小出現数は、サンプル数が異なるため、全体を70、性別を50、年齢層別を30と調整した。
10) 「脳」「ポイント」「ランキング」を含むツイートの前後の内容から、twimaker (http://twimaker.com/) というアプリの話題であった。
11) http://wefeel.csiro.au/
12) http://search.yahoo.co.jp/realtime

13) 「リプライではない最初の投稿としてツイートするもの」という但し書きを質問文にはつけた。
14) 語彙は一部表現を修正した。
15) 第2動機調査で収集した830名からの回答について、「tweet」→「ツイート」、「たのしい」→「楽しい」、「シェア」→「共有」、「もらいたい」→「欲しい」などの置換、また「友だち／友人／ともだち／友」→「友達」、「すすめ／勧め／奨め」→「薦め」、「他の人／ほかの人／ほかのひと」→「他人」、「特になし／特に理由なし／特に意図はない」→「特にない」などの集約を、すべての回答を目視し、ソフトウェアの検索・置換機能も利用して行った。語の置換・集約後、理由や意図が21種類のツイート内容すべてで同回答だった11サンプル、また21ではないがすべての回答が「ある」もしくは「ない」であった5サンプルも除外、さらに21種類すべての回答が空白であった84サンプルも除外した。第2動機調査直前の予備調査で、ツイッターでの個人的投稿(リツイートを含む)の頻度が、「週に数回程度」以上の者をスクリーニングしたが、提示した21種類のツイート内容のいずれもが「週に1回程度」の投稿頻度に満たなかった者が830サンプル中、84サンプル(10.1%)いたということである。
16) 「左合計」とは、分析の中心となる語(ここでは「欲しい」)の左(横書きのため「左」だが「前」と同じ意味)に当該語が何回出現れたかの値。「欲しい」の直前にある場合も、数語前にある場合も同列に数えた。
17) 「記録」の出現数は、「今自分のしていることや置かれている状況を書いたツイート」では143回答中1(0.7%)、「自分のついさっきやり終えたことを書いたツイート」では126回答中2(1.6%)であった。
18) 質問文は、「ツイッターのスマートフォン公式アプリのプロフィール(アカウント)画面、もしくはパソコンでタイムライン(ホーム画面)をご覧になって、『フォロー数』『フォロワー数』『ツイート数』を、下にある回答欄にそれぞれ算用数字でお書きください」とし、画面確認を依頼した。
19) 「読み手を特に想定することなくツイートすることが最も多い」の割合は、「今自分のしていることや置かれている状況を書いたツイート」では10代後半層が44.1%、20代以上が42.6%。「自分のついさっきやり終えたことを書いたツイート」では10代後半層が38.9%、20代以上が46.2%。
20) 山岸(1998)の「信頼」は、相手が自分を裏切る可能性がある(不確実性がある)という前提での、相手に対する期待。一般的信頼とは、相手に対する情報がほとんどない状態での信頼であり、これは「ほとんどの人は基本的に正直である」「ほとんどの人は信頼できる」(山岸、1998 p.92)といった6つの項目で計測される。
21) 木村はボナンゴについて、「『語ること』そのことが、内容云々よりもはるかに重要なのではないか」(木村、2003 p.82)とし、インタラクションは対話的であるのが良いとするエスノセントリズムを批判している。そしてボナンゴのような「投擲(とうてき)的発話」が、一つの共在感覚、つまり「共に在る」ことに寄与しているのではないかと論じている。ただし本人も認めているように、それが人間にとってどれだけの普遍性を持つかについては明らかにしていない。この点は当然ながら筆者の手にも余る。

人びとの「リツイート」のわけ
——情報転送手段としてのツイッター

　他人の生成したツイートを転送する理由や意図はどんなものなのだろう。それを元ツイート（公式リツイート）内容別に見ていくことが本章の中心作業となる。そのために、第一節では「シェア」概念の変遷とリツイート（RT）関連の先行研究をレビューする。第二節では公式リツイート内容別の投稿頻度を確認し、第三節では公式リツイートを生み出す感情、第四節では公式リツイートにおけるコンサマトリー性の動機について記述する。第五節から第七節では公式リツイートする理由や意図の分析を進める。そして第八節では、3章の最後で提起された「ツイートに込められた他者への期待は反応とともに満たされているのだろうか」という問いに対する答えを記す。

第一節　「シェア」概念の変遷とリツイート研究

1　「シェア」と「いいね！（ライク）」と「リツイート」

　ツイッターでツイートを転送することは「リツイート」、フェイスブックでの同様な行為は「シェア」と呼ばれる。かつてはオープンなウェブ空間にオリジナルコンテンツを投稿することが「共有」すなわち「シェア」であった。つまり、「シェア」には、時代とともに自分でコンテンツを作り公開するという意味に加えて、他者の作ったコンテンツを転送するという意味も備わっていったのである。
　歴史を少し紐解こう。コンテンツ共有を容易にする仕掛けはフェイスブックによって2006年10月に作られた。それは外部サイトに設置されるシェアボタンで、それを押せば、そのコンテンツがニュースフィードに流れ込むようになった（Facebook, 2006）。次なる大きな変化は、フェイスブックのアクティブ利用

者が1.5億人となっていた2009年2月、ニュースフィード内に「いいね！（ライク）」ボタンが導入された時に訪れた。利用者Aがニュースフィードに現れたコンテンツに「いいね！」をすると、それが元コンテンツの投稿者に通知される。と同時に、利用者Aのウォール[1]に変更が加えられるため、元コンテンツが「いいね！」されたことは、利用者Aの友人のニュースフィードに、元コンテンツとともに表示される。つまり「いいね！」ボタンにより、元コンテンツの投稿者から見た友人の友人へ拡散がなされるようになったのである。

さらにソーシャルプラグイン機能[2]によって「いいね！」ボタンを外部サイトに容易に設置することが可能になった2010年4月には多数サイトのコンテンツがフェイスブックのニュースフィードに流れるようになり、同ボタンはシェアボタンの機能を代替するものとなった。実際、二つのボタンの機能統合は進み、2012年7月にはフェイスブックによるシェアボタンのサポートは打ち切られた。ただし同年中にニュースフィードに現れるコンテンツに対しては、「いいね！（ライク）」とは別に「シェア」ボタンが改めて導入された。

つまりこうである。ボタンでの共有先がフェイスブックに限定されることで、仲間内のみで共有することが「シェア」概念に含まれるようになり、むしろこちらの方が常識となっていった。また「いいね！（ライク）」ボタンによって、元コンテンツにコピーが作られるようになり、拡散がフェイスブック内でなされるようになった。しかもその原動力は周知よりも好意の表明であるとフェイスブックの用語によって規定された。つまるところ、2000年代までの「共有」とフェイスブックによって「いいね！」とラベリングされた2010年代の「シェア」では、その原動力およびコンテンツの持つ公的性格の程度において差があるだろうというのがここまでの指摘である。

2012年にニュースフィードのコンテンツに対して導入された新シェアボタンは、ツイッターの公式リツイート機能の模倣であるとされる。2009年11月から言語ごとに順次導入された公式リツイートは、導入以前から行われていたツイートを引用しながら投稿する利用者の利用法を容易にするものであった。公式リツイートされたツイートは原則的に誰にでも閲覧可能で、その点はフェイスブックとは異なるが、他者のコンテンツを自分のフォロワー（友人）に向けて転送する点では共通していた。つまりこの二つのサービスが多数に利用されるなかで、転送による共有も「シェア」と呼ばれるようになっていったのであ

る。
　そしてツイッターにおいて情報システム的に「投稿」と「転送」の弁別が可能となったことは、さまざまなデータがAPI経由で取得可能であったこととあいまって、非公式リツイート時代からなされていたリツイート研究の加速をもたらした。

2　リツイートによる情報伝播の構造

　リツイート研究で最もその蓄積が厚いのは、リツイートによる情報伝播過程である。利用者の動機などには触れずに、行動の結果である大量のログデータ解析手法を採り、それゆえコンピュータサイエンスでの成果が圧倒的に多い。これらはマーケティング・コミュニケーション研究者の関心もとらえている。というのもジャンセンら (Jansen et al., 2009) が指摘するように、これは電子的な、それも大規模な口コミになりうるからである。
　クワックら (Kwak et al., 2010) は「ツイッターはニュースメディアである」と結論づけた論文で、情報伝播に関する以下の知見も示した。すなわちニュースメディアゆえに友人同士のような同質ネットワーク（強い紐帯）間をつなぐ弱い紐帯 (Granovetter, 1973　野沢編・監訳, 2006) が存在し、ツイッターではノード間の平均距離が4.12とフェイスブックの4.74 (Ugander et al., 2011) より小さいこと[3]。またツイート発信者のフォロワー数が数百に届かなくても大規模に伝播するものがあり、逆にフォロワーを数千以上持つ有名人のツイートでもまったくリツイートされないものがあることである。チャら (Cha et al., 2010) のフォロワー数／リツイート数／メンション数[4]の算出結果でも、フォロワー数はニュースサイトや有名人（芸能人／スポーツ選手／政治家）で多く、リツイート数はニュースサイト、特に専門ニュースサイトで多く、メンション数は芸能人とスポーツ選手で多いことが明らかにされた。すべてが上位100位に入ったのは7アカウントのみであることから、3種類の数値は独立なものとされ、特にフォロワー数がリツイート数にどう影響するかが研究課題とされた。
　この点に焦点を当てたバクシーら (Bakshy et al., 2011) は、シード（種）と呼ばれる第一次投稿者160万人による短縮URLを含むツイート7400万件を分析した。その結果、1回もリツイートされないものが98%、1回リツイートされ

たものが1.4%、2回以上リツイートされたものがわずか0.6%であることが判明した。また各ツイートのリツイート数を算出し、その数が当該利用者のフォロワー数とフォロワーにおける局所的なリツイート率の二つでほぼ説明できることから、マーケティングのさまざまなコストやリスクを考慮した場合には、非常に大きなフォロワー数を持つ有名人による伝播よりもフォロワー数が500人に届かぬような普通の利用者が行うリツイートの「合わせ技」に期待する方が理にかなうと結論づけた。これが彼らの論文タイトル「誰もがインフルエンサー」の意味するところである。

　バクシー論文の共著者の一人ワッツは、『スモールワールド』(Watts, 1999　栗原他訳, 2006) で知られるが、彼はツイッターにおいては影響力の強い者がおり (Wu et al., 2011)、「コミュニケーションの二段階の流れ」(Lazarsfeld et al., 1968　有吉監訳, 1987) も起きるものの、「二段階」後のリツイートが起きる率の低さから、リツイート数が百万前後となる実効的な（読まれるであろう）大規模伝播が発生するのは、単純に元ツイートに影響を受ける人の数が閾値を超えた場合だという立場をとる。グーグルでグーグル・プラスを開発後、フェイスブックに移籍したアダムス (Adams, 2011　小林訳, 2012) の言う、影響力の強い個人よりも小規模な友人同士のグループに注目するべきという立場もこちらになる。

　これとは逆に特定の個人が強い影響力を持ち、そのようなハブの存在が全体伝播量に影響するという立場もある。複雑ネットワーク科学においてワッツと双璧をなす『新ネットワーク思考』(Barabasi, 2002　青木訳, 2002) の著者バラバシはこの立場で、バンポら (Bampo et al., 2008) は、マクロなネットワーク構造の差が情報伝播に大きく影響することをシミュレーション結果として示している。彼らの関心はまずは影響力の強い個人の特定へ向かい、グーグルのページランク (Page et al., 1998) の考え方を援用しつつ、双方向フォローの相手から届くツイートの閲読率が高いという仮定のもと影響力ある個人を特定する「ツイッターランク」アルゴリズムが開発されている (Weng et al., 2010)。またこの立場は実務界での応用も盛んで、PR会社のエーデルマン社は、オンラインコミュニケーションにおける5タイプの利用者を「アイディア・スターター」「アンプリファイアー（拡声者）」「キュレーター（探索・監修者）」「コメンテーター」「閲覧者」と概念化し (Hargreaves, 2010)[5]、ティナティら (Tinati et al., 2012) は、それぞれを特定するアルゴリズムと、拡散予測およびプランニングツールの開発を模索している。

つまるところ、リツイートによる情報伝播構造の研究は盛んではあるが、リツイート数に対して、強い影響力を持つ個人やネットワーク構造が影響するか否かについては、いまだ決着を見ていないのである。

3　伝播を生むコンテンツ

次にリツイートされるコンテンツに着目する研究を見てみよう。スーら (Suh et al., 2010) は、ランダムサンプリングした7400万ツイートのうち、21.1%がURLを、10.1%がハッシュタグを持つ一方で、広義のリツイート (7400万の11.1%にあたる824万)[6] においては、それぞれの比率が28.4%と20.8%であることからURLとハッシュタグを伴うことがリツイートされやすい要因であるとした[7]。

スーら (Suh et al., 2010) はURLのドメイン分析から、リツイート数上位20のうちリツイート率が高いのは、『マッシャブル』(IT系ニュースブログ) や『ニューヨークタイムズ』などであることを示し、ウーら (Wu et al, 2011) では、『ニューヨークタイムズ』に限った分析から、リツイート率の高い同紙でのカテゴリーは、世界のニュース／アメリカ国内のニュース／ビジネス／スポーツであることが報告された。さらに否定的感情を生むコンテンツは何度もリツイートされ、しかも速く伝播するという報告も存在する (Naveed et al., 2011)。

ところがバクシーら (Bakshy et al., 2011) ではコンテンツ要素はリツイート数に影響せずとされた。アマゾンメカニカルターク[8] を用い、①URLとコンテンツのジャンル、②当該URLコンテンツを読むと自分がどのような気持ちになるか、③平均的な人が当該URLサイトをどれだけ「面白い (interesting)」と思うか／当該コンテンツでどれだけ「肯定的な気持ち」になるか、④当該コンテンツをどの手段でシェアしたいと思うか、のデータを分析した結果は以下であった。すなわち①と②による分析では、「動画・写真共有サイト」「SNS」「ブログ」のURLや「ライフスタイル」ジャンルのコンテンツが利用者を「面白い」や「肯定的な気持ち」にさせ、リツイート数が大きくなるという結果となった。けれども、③と④の変数も加えた分析では、モデルの当てはまりが良

くなると同時に、①の要素が伝播規模に対して有意でなくなるという結果となったのである。

つまり、URLやハッシュタグを持つツイートの方がリツイートされやすいことは通説となりつつあるが、特定のドメインあるいはコンテンツジャンルがリツイートされやすく、大規模な拡散を生みやすいか否かについては、結論は出ていない。

4　リツイートの動機にかかわる研究

人びとがリツイートする心理や動機に触れた研究の数は多くない。これはリツイート研究のほとんどが大規模なログデータのみを用いたものとなっているからである。結果的に、情報伝播については、情報の発信者や受信者の心理、あるいは発信者と受信者との関係性でそれを理解しようという視点に乏しい現状がある。

ただしボイドら（boyd et al., 2010）の、利用者のリツイート理由は参考になる。それらには「まだそのことを知らない利用者たちに伝播させるため」「ある特定の利用者たちを楽しませたり、彼らに情報を届けたりするため」「自分の記録」「新しいコンテンツを付加して会話を開始するため」「親しさや関心を持っていることの証」「フォロワーを増やすため」が挙げられ、このうち後三者は、ボイドらが「リツイートの会話的側面」として注目したものである。つまりリツイートには相互作用的要素も潜むというのが彼女らの指摘である。ただし、ここでの分析データは公式リツイート機能実装前の非公式リツイート、すなわち利用者が自分で"RT"と入力する、2009年前半のものである。

なお本書の第1調査でのリツイートする動機についての質問では、図3-1（P.71）と同じ12項目に「リツイートされた〈お返し〉をしたいから」を加えた13項目について「あてはまる」（4点）、「ややあてはまる」（3点）、「あまりあてはまらない」（2点）、「あてはまらない」（1点）の4件法で尋ねた。

最も平均値が高かったのは「その内容が面白いと思ったから」（平均値：2.77）で、平均値が尺度の中間値である2.5を上回ったのはこの項目だけであった。リツイートの平均値が2.0以上でツイートの平均値に比べて有意に高かったのは「リツイートするのはその内容が面白いと思ったから」（2.77, $t=4.69$, p <.001) と「リツイートするのはフォロワーに情報を教えてあげると役に立つと思うから」(2.19, t =8.80, p <.001) の2つであった。逆に「フォロワーに自分のことを伝えたいから」の平均値はツイートでの2.26に対しリツイートでは1.99と有意に低く (t =15.67, p <.001)、リツイートでは公知情報が転送されていることも示唆されている。「他の利用者とコミュニケーションを取りたいから」もツイートの方が有意に高かったが (t =15.41, p <.001) リツイートの平均値は2.21で、順位としては13項目中3位となった。ボイドら (boyd et al., 2010) が指摘した会話的要素は、たしかにリツイートの理由に含まれるようである。

以上を整理すると、ツイートの読み手が「面白い」あるいは肯定的な気持ちになること、URLやハッシュタグが含まれること、ソーシャルメディアのドメインのもの、などがリツイートされやすい要素である。当然のことながら、多くのフォロワーを持つ利用者にリツイートされればツイートは広く伝播する。しかしながら、多数の利用者が2次の公式リツイートを行い、リツイート数が百万前後となる大規模なコンテンツ伝播を生むにあたり、ネットワーク構造がどれだけ影響するか、あるいはコンテンツ要素がどれだけ影響するかは、まだ不確かな点が多い。

またリツイートの動機には、「会話を行う」という動機の存在が指摘されている (boyd et al., 2010)。しかしながら、それは非公式リツイートについてのものであり、ツイートの編集ができない公式リツイートとはいくぶん異なるとも考えられる。では、元ツイート内容と転送理由の組合せの知見を得るために論を進めていこう。

第二節　公式リツイート（元ツイート）内容別投稿頻度

第1調査 (N=1559) では、公式・非公式問わずリツイートを「週に数回」以上行う者は27.1%で、そのうち「1日1回程度」以上行う者は15.9%であった。また3章でみたように、ツイート数の内訳はオリジナルツイートが64.1%、メンションが26.1%、公式リツイートが9.8%であった。メンションに含まれる非公式リツイートは0.9%でしかなく、スマートフォンアプリでもツイッター

公式アプリが高いシェアを持つようになったこともあり、リツイートのほとんどは公式リツイートとなっている[9]。

ここで公式リツイートとオリジナルツイートの差異を改めて確認しておこう。公式リツイートをする場合、利用者は自身でコンテンツを作る必要がないため制作コストはツイートよりも小さい。また外部サイトの情報を紹介することに比べて、公式リツイートはツイッター内で出会ったツイートをボタン一つで転送できるので、探索と発信コストも小さい。つまりツイッター内ですべての作業が完結し、コンテンツの探索＋制作＋発信のコストは、公式リツイートにおいてツイートよりも小さい。

図4-1は第2動機調査で19種類の元ツイート内容別に公式リツイート頻度を尋ねた結果である。後のテキストマイニング対象者570人の回答を、「月に2～3回程度」以上を基準として度数の高い順に並べている。この基準では、上位から「政治や経済・経営、社会に関するニュースや事実」(71.1％)、「友人や知人の日常の行動」(62.8％)、「芸能人、クリエイター、スポーツ選手などの個人的意見」(58.2％)となった。続いたのは、「芸能・スポーツのニュースや事実」(52.1％)、「仕事や勉強で必要な／有益なニュースや事実」(51.6％)、「友人や知人の気持ち」(50.6％)で、ここまでが「月に2～3回程度」以上という基準で過半数の人が投稿する内容となった。

第三節　公式リツイートを生み出す感情

図4-2は第1動機調査での「あなたは自分のツイッターに現れた元ツイートに対して、以下のような気持ちを感じた時、どのくらいの頻度で公式リツイートをしていますか」という質問に、30種類の感情について、「よく公式リツイートする」(4点)から「公式リツイートしない」(1点)の4件法で得た回答結果で、「よく」＋「たまに」の回答の多い順に並べてある (N＝416)。なお30の感情は3章でのツイートでの質問と同様である。

「面白い」(平均値：2.85)が公式リツイートを最も生み出しやすい感情だが、平均値はツイートの3.07と比べるとやや小さい。他に「楽しい」(2.62)、「好きだ」(2.63)、「すてきだ」(2.61)、「うれしい」(2.49)、「かわいらしい」(2.48)

図4-1　公式リツイート内容別の投稿頻度（N=570）

❹章 人びとの「リツイート」のわけ　119

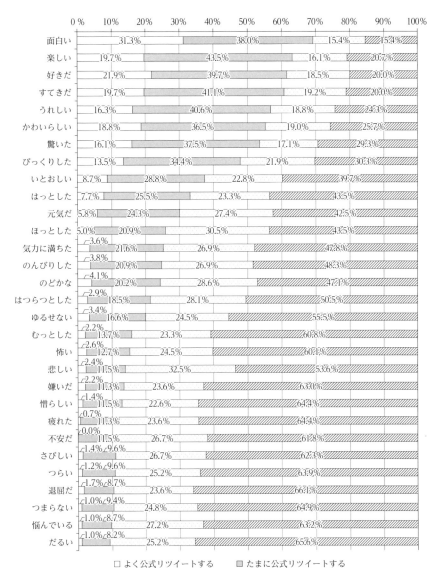

図4-2　公式RTを生み出す感情（N＝416）

が挙がり、逆に「公式リツイートしない」が高い割合を示すものとしては、「退屈だ」(1.46)、「だるい」(1.44)、「つまらない」(1.46) となった。

ツイートとの差として以下が挙げられる。第1に「公式リツイートしない」が50％を超える感情が15種類あり、ツイートの場合はゼロであったことと比べると、「よく公式リツイートする」＋「たまに公式リツイートする」で50％を超えた七つの感情を除けば、公式リツイートでは感情と投稿行為の結びつきは薄いと言える。ツイートでの3位であった「面白い」が公式リツイートで1位になったことは既述のとおりだが、ツイートでの「楽しい」「うれしい」という最上位二つはリツイートではそれぞれ2位と5位になった。

第四節　公式リツイートのコンサマトリー性

では、元ツイートに対して感じた「面白い」に代表される、前節で上位に登場した気持ちを感じた時になされる公式リツイートは、コンサマトリー性の動機を満たしているのだろうか。

図4-3は、第2動機調査での「『公式リツイートすること自体が楽しい』と感じて投稿するものはありますでしょうか」という質問に、「よくある」（4点）、「たまにある」（3点）、「あまりない」（2点）、「ない」（1点）で回答してもらった結果で、「よくある」＋「たまにある」の回答の多い順に並べたものである。ツイートの場合と同様に、まず19種類の元ツイート内容別に公式リツイート頻度を尋ね、「月に2～3回程度」以上の頻度となった元ツイートのみについて回答を得た。元ツイート内容によって異なる回答者数を元ツイート内容の横の（　）内に示した。

図4-3から明らかなのは、公式リツイートすること自体に楽しみを感じながらなされる公式リツイートが多いことである。「よくある」＋「たまにある」の合計が66％を超えたものは19種類のうち11を占めたが、この質問項目が公式リツイート頻度の高い元ツイート内容を中心に構成されていることを考えれば、ツイートと同様に総じて公式リツイートによってコンサマトリー性の動機は満たされていると言ってよいだろう。

上位は「好きだという感想」（平均値：3.09）、「面白いという感想」（3.02）、そ

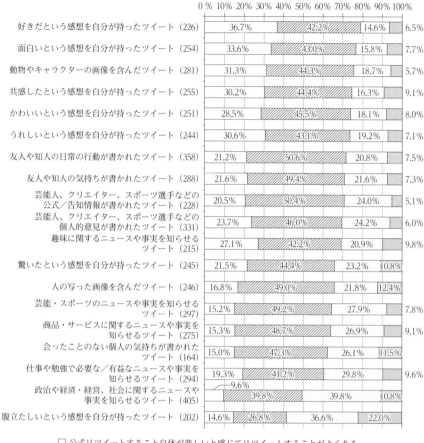

図 4-3　コンサマトリー性の動機を満たす公式 RT 内容

して「動物やキャラクターの画像」（3.01）となった。「面白いという感想」がコンサマトリーな動機を満たすのは自然であろう。逆にコンサマトリーな動機を満たす程度の低い内容は「腹立たしいという感想」（2.34）、「政治や経済・経営、社会に関するニュースや事実」（2.48）で、後者では冷静な判断とともに公式リツイートされている様子が窺える。

第五節　公式リツイートの理由や意図

では人びとがなぜ公式リツイートをするのかに迫っていこう。

1　公式リツイートの想定読者

図4-4は、第2動機調査で、公式リツイートする時の読者として、「読み手を特に想定することなく公式リツイートすることが最も多い」「フォロワー全員、あるいはほぼ全員を読み手と想定し公式リツイートすることが最も多い」「フォロワーの一部を読み手と想定し公式リツイートすることが最も多い」の3選択肢による単一回答の結果を、「読み手を特に想定することなく公式リツイートすることが最も多い」の割合が高い順に示したものである。元ツイート内容横の（　）内は回答者数を示している。

19種類のうち10の元ツイート内容で、「読み手を特に想定することなく」が最多の割合を示した点はツイートと同傾向であった。主に公式リツイート頻度の高い元ツイート内容で質問項目が構成されたことから読み手が特に想定されずになされる公式リツイートが全般的に多い。ただし「読み手を特に想定することなく」の割合の高い「会ったことのない個人の気持ち」(44.2%)、「腹立たしいという感想」(42.1%)、「政治や経済・経営、社会に関するニュースや事実」(40.2%) の割合はツイートでの上位項目の割合よりは小さい。すなわち公式リツイートの方がツイートよりも想定読者に対して意識的と言えそうである。この見解は非公式リツイートを対象としたボイドら (boyd et al., 2010) と整合的である。ツイート内容と公式リツイート内容が類似の5組[10]に限って見た場合でも、全てでツイートに比べて公式リツイートで「読み手を特に想定することなく」の割合は低い。

「フォロワーの一部を読み手」が最多割合となったのは19種類のうち9の元ツイート内容であった。なかでも「友人や知人の気持ち」(49.8%)、「友人や知人の日常の行動」(46.3%)、「芸能人、クリエイター、スポーツ選手などの個人的意見」(44.2%)「芸能人、クリエイター、スポーツ選手などの公式／告知情

❹章 人びとの「リツイート」のわけ　123

元ツイート内容	読み手を特に想定することなく公式RTすることが最も多い	フォロワー全員、あるいはほぼ全員を読み手と想定し公式RTすることが最も多い	フォロワーの一部を読み手と想定し公式RTすることが最も多い
会ったことのない個人の気持ちが書かれたツイート（164）	44.2%	22.1%	33.6%
腹立たしいという感想を自分が持ったツイート（202）	42.1%	23.8%	34.1%
政治や経済・経営、社会に関するニュースや事実を知らせるツイート（405）	40.2%	30.3%	29.5%
共感したという感想を自分が持ったツイート（255）	37.5%	32.0%	30.5%
かわいいという感想を自分が持ったツイート（251）	37.2%	28.8%	34.0%
商品・サービスに関するニュースや事実を知らせるツイート（275）	37.1%	25.5%	37.5%
驚いたという感想を自分が持ったツイート（245）	37.0%	32.3%	30.6%
芸能人、クリエイター、スポーツ選手などの公式／告知情報が書かれたツイート（228）	36.2%	23.2%	40.6%
うれしいという感想を自分が持ったツイート（244）	35.9%	32.4%	31.7%
好きだという感想を自分が持ったツイート（226）	35.7%	32.3%	32.0%
人の写った画像を含んだツイート（246）	35.6%	26.2%	38.1%
動物やキャラクターの画像を含んだツイート（281）	35.4%	33.7%	30.9%
面白いという感想を自分が持ったツイート（254）	35.3%	33.3%	31.4%
仕事や勉強で必要な／有益なニュースや事実を知らせるツイート（294）	34.6%	28.5%	36.8%
芸能・スポーツのニュースや事実を知らせるツイート（297）	34.4%	27.0%	38.5%
趣味に関するニュースや事実を知らせるツイート（215）	34.1%	27.4%	38.5%
芸能人、クリエイター、スポーツ選手などの個人的意見が書かれたツイート（331）	31.6%	24.2%	44.2%
友人や知人の日常の行動が書かれたツイート（358）	29.4%	24.3%	46.3%
友人や知人の気持ちが書かれたツイート（288）	28.6%	21.6%	49.8%

元ツイート内容横の（　）内は回答者数

図4-4　公式RT内容別の想定読者

　報」（40.6％）の四つは40％以上で、「友人」や「同じ芸能人などのファン」という広い意味での仲間への転送がしばしば行われていると推測できる。
　「フォロワー全員、あるいはほぼ全員を読み手」が最多となった元ツイート内容はゼロであったが、相対的に高率のものとして「動物やキャラクターの画像」（33.7％）、「面白いという感想」（33.3％）が挙がった。

2 公式リツイートする理由や意図

「以下の元ツイートを公式リツイートする理由や意図として、よくあるものについてなるべく詳しくお書きください」という質問への自由記述回答を KH Coder（樋口，2014）を用いてテキストマイニングした。分析対象者は19種類の元ツイート内容のいずれかを「月に2〜3回程度」以上公式リツイートする570名で、分析対象の公式リツイート数は5,059であった。テキストマイニングにあたっては、ツイートでの手続きと同様に語の置換や集約を行った後に、信頼性の低いサンプルを除外した[11]。

元ツイート内容別に理由や意図における上位10頻出語およびその元ツイート内容に特有の語をまとめたものが表4-1である。多数出現したのは「欲しい」「したい」「知る」「共感」「共有」で、「欲しい」には網かけをした。

ツイートでの分析と同様に、「欲しい」の前には多様な語が入るため文脈の分析を行った。「欲しい」の前に現れた語の頻度1位と2位（3章と同様に左合計[12]で比較）を示したのが表4-2であるが、「知って欲しい」と「共感して欲しい」が多く、この点はツイートと同様であった。

公式リツイート内容別の投稿理由を分析するためには、頻出語分析での出現頻度順位と文脈分析での左合計での占有率の高さをたよりにした。たとえば「知って欲しい」という理由で投稿されることの多い公式リツイート内容を探索するためには、投稿理由の頻出語分析で「知る」と「欲しい」の両方の語の出現頻度が上位にあることと、投稿理由の文脈分析で「知って欲しい」という語の並びで出現する割合が高いことを重視した。ただし公式リツイート内容により頻度および左合計での占有率の分布が異なるため、公式リツイート内容を選定するための基準値は投稿の理由や意図により異なっている。分析は探索的であるため、19種類の中からある理由や意図で投稿されることの多い公式リツイート内容を五つ前後選ぶように、基準値の方を調整して作業を行った。

「知って欲しい」という意図で投稿されることの多い公式リツイート内容を探るために、「知る」も「欲しい」も表4-1の頻度で6位以内、かつ表4-2の「欲しい」に対する「知る」の左合計での占有率が50％以上という基準を設け、「芸能人、クリエイター、スポーツ選手などの公式／告知情報」「政治や経

表 4-1　公式 RT 内容別の公式 RT する理由や意図における頻出語

	公式リツイート内容（元ツイート内容）	1位	2位	3位	4位	5位	6位	7位	8位	9位	10位	特有の語
1	芸能人、クリエイター、スポーツ選手などの公式/告知情報が書かれたツイート	知る	情報	共有	欲しい	好き	特にない	したい	なんとなく	自分	周知	情報	自分
2	芸能人、クリエイター、スポーツ選手などの個人的意見が書かれたツイート	共感	知る	意見	特にない	共有	人	欲しい	したい	なんとなく	思う		
3	友人や知人の日常の行動が書かれたツイート	面白い	友達	知る	特にない	共感	共有	したい	なんとなく	なんとなく	思う	面白い	自分
4	友人や知人の気持ちが書かれたツイート	共感	面白い	共有	したい	特にない	面白い	友達	気持ち	欲しい	なんとなく	面白い	自分
5	会ったことのない個人の気持ちが書かれたツイート	共感	欲しい	特にない	自分	したい	知る	RT	なんとなく	共有	人	面白い	情報
6	政治や経済、社会に関するニュースや事実を知らせるツイート	知る	共有	欲しい	共有	自分	意見	したい	特にない	情報	思う	意見	
7	芸能・スポーツのニュースや事実を知らせるツイート	知る	情報	共有	情報	特にない	周知	人	したい	フォロワー	自分	情報	情報
8	商品・サービスに関するニュースや事実を知らせるツイート	知る	趣味	欲しい	共有	特にない	したい	興味	周知	商品	思う	情報	興味
9	趣味に関するニュースや事実を知らせるツイート	知る	興味	情報	共有	人	欲しい	同じ	自分	フォロワー	見る	情報	同じ
10	仕事や勉強で必要な/有益なニュースや事実を知らせるツイート	情報	共感	特にない	知る	自分	人	なんとなく	なんとなく	したい	有益	情報	記録
11	面白いという感想を自分が持ったツイート	欲しい	面白い	共有	知る	共感	したい	特にない	思う	自分	フォロワー	情報	
12	うれしいという感想を自分が持ったツイート	特にない	嬉しい	共有	したい	共感	欲しい	知る	気持ち	なんとなく	自分		
13	かわいいという感想を自分が持ったツイート	共有	欲しい	共有	特にない	共有	かわいい	知る	なんとなく	フォロワー	見る		
14	驚いたという感想を自分が持ったツイート	欲しい	共感	共有	自分	人	知る	驚く	共有	気持ち	フォロワー		
15	好きだという感想を自分が持ったツイート	欲しい	共感	知る	自分	好き	特にない	したい	なんとなく	なんとなく	気持ち		
16	腹立たしいという感想を自分が持ったツイート	共感	欲しい	特にない	知る	自分	意見	共有	共有	共有	気持ち	意見	
17	共感したという感想を自分が持ったツイート	共感	欲しい	特にない	したい	したい	特にない	共有	人	なんとなく	なんとなく		
18	動物やキャラクターの画像を含んだツイート	かわいい	欲しい	特にない	特にない	好き	かわいい	共有	見る	思う	動物	かわいい	
19	人の写った画像を含んだツイート	特にない	なんとなく	知る	欲しい	面白い	知る	共有	見る	写真	人	面白い	

「欲しい」に網がけ

表 4-2　公式 RT する理由や意図で「欲しい」の前に現れた語とその占有率

	公式リツイート内容（元ツイート内容）	「欲しい」の前に現れた語					
		1位（左合計）			2位（左合計）		
		語	左合計値	左合計での占有率	語	左合計値	左合計での占有率
1	芸能人、クリエイター、スポーツ選手などの公式／告知情報が書かれたツイート	知る	27	79.4%	見る	4	11.8%
2	芸能人、クリエイター、スポーツ選手などの個人的意見が書かれたツイート	知る	13	76.5%	見る	3	17.6%
3	友人や知人の日常の行動が書かれたツイート	知る	10	76.9%	他人	3	23.1%
4	友人や知人の気持ちが書かれたツイート	知る	9	69.2%	共感	2	15.4%
5	会ったことのない個人の気持ちが書かれたツイート	知る	4	50.0%	共感	2	25.0%
6	政治や経済・経営、社会に関するニュースや事実を知らせるツイート	知る	29	82.9%	他人	5	14.3%
7	芸能・スポーツのニュースや事実を知らせるツイート	知る	25	83.3%	人	4	13.3%
8	商品・サービスに関するニュースや事実を知らせるツイート	知る	26	68.4%	他人	6	15.8%
9	趣味に関するニュースや事実を知らせるツイート	知る	36	81.8%	他人	8	18.2%
10	仕事や勉強で必要な／有益なニュースや事実を知らせるツイート	知る	10	76.9%	他人	3	23.1%
11	面白いという感想を自分が持ったツイート	知る	31	41.9%	共感	15	20.3%
12	うれしいという感想を自分が持ったツイート	知る	18	58.1%	共感	8	25.8%
13	かわいいという感想を自分が持ったツイート	知る	14	35.0%	共感	13	32.5%
14	驚いたという感想を自分が持ったツイート	知る	20	43.5%	共感	11	23.9%
15	好きだという感想を自分が持ったツイート	知る	24	54.5%	共感	11	25.0%
16	腹立たしいという感想を自分が持ったツイート	知る	8	33.3%	共感	8	33.3%
17	共感したという感想を自分が持ったツイート	共感	23	42.6%	知る	23	42.6%
18	動物やキャラクターの画像を含んだツイート	見る	11	36.7%	知る	9	30.0%
19	人の写った画像を含んだツイート	知る	7	46.7%	見る	7	46.7%

「左合計値」とは「欲しい」の前（左）にその語が出現した回数
「左合計での占有率」とは「欲しい」の前（左）に現れた語の合計出現回数に占める当該語の出現回数の割合
「左合計での占有率」については、「知る」の50%以上、「共感」の25%以上に網がけ

済・経営、社会に関するニュースや事実」「芸能・スポーツのニュースや事実」「商品・サービスに関するニュースや事実」「趣味に関するニュースや事実」「好きだという感想」の六つを選んだ。これらは「共感して欲しい」よりも、周知の性格が濃いものと考えられる。

　同様に「共感して欲しい」が投稿理由であることの多い公式リツイート内容を探るため、「共感」も「欲しい」も頻度で7位以内、かつ「欲しい」に対する「共感」の左合計での占有率が25％以上という基準によって五つの公式リツイート内容を選んだ。それらは同語反復である「共感したという感想」に加え、「うれしいという感想」「かわいいという感想」「好きだという感想」「腹立たしいという感想」である。このうち「好きだという感想」は「知って欲しい」と重複した。

　次に3章でのツイートの分析と同様に、「したい」と「たい」についても文脈分析を行った。これは「したい」の前には多様な名詞、「たい」の前には多様な動詞が登場しうるからである。二つの語の前に現れた語（「たい」は動詞のみが対象）の頻度1位と2位を示したのが表4-3であるが、「したい」については「共有したい」が多かった。ただし「たい」では「知らせたい」と「広めたい」が多く、「伝えたい」が最多となったツイートとは少し異なる傾向を見せた。

　「共有したい」という意図で投稿されることの多い公式リツイート内容を探るために、「共有」「したい」の双方が頻度で7位以内、かつ「したい」に対する「共有」の左合計での占有率が70％以上という基準を設け、「芸能人、クリエイター、スポーツ選手などの公式／告知情報」「面白いという感想」「うれしいという感想」「かわいいという感想」「驚いたという感想」「共感したという感想」「人の写った画像」の七つを選んだ。

　「広めたい」が投稿の強い理由である公式リツイート内容については、「広める」が頻度10位以内に入るものはなかったが（「たい」は抽出対象外）、「たい」に対する「広める」の左合計での占有率が20％以上という基準により、「芸能人、クリエイター、スポーツ選手などの公式／告知情報」「芸能人、クリエイター、スポーツ選手などの個人的意見」「政治や経済・経営、社会に関するニュースや事実」「趣味に関するニュースや事実」「仕事や勉強で必要な／有益なニュースや事実」の五つを選んだ。

表4-3 公式RTする理由や意図で「したい」「たい」の前に現れた語とその占有率

	公式リツイート内容（元ツイート内容）	「したい」「たい」の前に現れた語						「たい」の前に現れた語（動詞のみ）				
		1位（左合計）		2位（左合計）				1位（左合計）		2位（左合計）		
		語	左合計 計値	左合計で の占有率	語	左合計 計値	左合計で の占有率	語	左合計 計値	左合計で の占有率	語	左合計 計値	左合計で の占有率
1	芸能人、クリエイター、スポーツ選手などの公式/告知情報が書かれたツイート	共有	20	83.3%	情報	8	33.3%	広める	10	32.3%	知らす	8	25.8%
2	芸能人、クリエイター、スポーツ選手などの個人的意見が書かれたツイート	共有	10	62.5%	共感	2	12.5%	広める	8	20.5%	知らす	6	15.4%
3	友人や知人の日常の行動が書かれたツイート	共有	8	50.0%	共感	4	25.0%	知らす	5	20.8%	伝える	3	12.5%
4	友人や知人の気持ちが書かれたツイート	共有	12	60.0%	共感	6	30.0%	知らす	7	28.0%	伝える	3	12.0%
5	会ったことのない個人の気持ちが書かれたツイート	共有	8	50.0%	共感	5	31.3%	知らす	4	28.6%	伝える	2	14.3%
6	政治や経済、社会に関するニュースや事実を知らせるツイート	共有	9	60.0%	共感	2	13.3%	広める	10	23.8%	知らす	8	19.0%
7	芸能・スポーツのニュースや事実を知らせるツイート	共有	13	68.4%	周知	3	15.8%	知らす	12	34.3%	伝える	7	20.0%
8	商品・サービスに関するニュースや事実を知らせるツイート	共有	15	62.5%	周知	9	37.5%	知らす	18	42.9%	広める	6	14.3%
9	趣味に関するニュースや事実を知らせるツイート	共有	22	71.0%	情報	7	22.6%	知らす	15	25.9%	広める	12	20.7%
10	仕事や勉強で必要な/有益なニュースや事実を知らせるツイート	共有	12	85.7%	情報	3	21.4%	広める	7	26.9%	知らす	5	19.2%
11	面白いという感想を自分が持ったツイート	共有	32	78.0%	共感	5	12.2%	知らす	11	21.2%	伝える	7	13.5%
12	うれしいという感想を自分が持ったツイート	共有	28	82.4%	共感	4	11.8%	伝える	9	25.0%	知らす	7	19.4%
13	かわいいという感想を自分が持ったツイート	共有	27	87.1%	共感	4	12.9%	知らす	10	32.3%	伝える	5	16.1%
14	驚いたという感想を自分が持ったツイート	共有	26	81.3%	共感	8	25.0%	知らす	12	29.3%	広める	7	17.1%
15	好きだという感想を自分が持ったツイート	共有	19	73.1%	共感	4	15.4%	知らす	12	30.0%	広める	7	17.5%
16	腹立たしいという感想を自分が持ったツイート	共有	5	62.5%				知らす	5	19.2%	伝える	2	7.7%
17	共感したいという感想を自分が持ったツイート	共有	26	78.8%	共感	8	24.2%	知らす	10	23.3%	共感する	9	20.9%
18	動物やキャラクターの画像を含んだツイート	共有	15	68.2%	かわいい	6	27.3%	知らす	6	24.0%	伝える	4	16.0%
19	人の写った画像を含んだツイート	共有	7	70.0%	紹介	2	20.0%	知らす	6	24.0%	伝える	4	16.0%

「共有」と「広める」に網かけ

「左合計」とは「したい」もしくは「たい」の前（左）にその語が出現した回数
「左合計での占有率」とは「したい」もしくは「たい」の前（左）に現れた語の合計出現回数に占める当該語の出現回数の割合
「左合計での占有率」については、「共有」の70%以上、「広める」の20%以上、「知らす」の28%以上に網かけ

ここで表4-1の右2列にある、「特有の語」のうち二つに注目しよう。第一は六つの元ツイート内容の投稿理由に現れる「情報」である。「情報」が上位に出てくる元ツイートを表す文には、「芸能人、クリエイター、スポーツ選手などの公式／告知情報」を除けば、「情報」という語はそのまま登場してはいない。このことから利用者自らが「情報」の転送役であるという意識を持っていることがこれら六つの内容では推測され、「知って欲しい」という投稿理由との重複も大きい。ここでの「情報」は「何らかの役に立つ知らせ」という程度の意味だろう。

　二つ目は「記録」で、「仕事や勉強で必要な／有益なニュースや事実」のように自分の活動にとって有益なツイートを記録する目的で公式リツイートをする層が一定数いることが推測される。

　ここまで見てきた「知って欲しい」「共感して欲しい」「共有したい」「広めたい」といった理由からよく公式リツイートされる公式リツイート内容に該当しなかったものに「友人や知人の日常の行動」と「友人や知人の気持ち」がある。ではこの2つはどのような理由や意図で公式リツイートされるのだろうか。「友人や知人の日常の行動」を公式リツイートする理由では「面白い」が頻度1位であったが、文脈分析の結果、38件中「面白いので知って欲しい」「面白いのでみんなで笑いたい」などの5件を除いた約80％は、単純に「面白い」「面白いから」が自由記述での理由であった。一方「友人や知人の気持ち」を公式リツイートする理由では、「共感」が頻度1位になった。68件中8割以上を占める56件が「共感」「共感したから」と単純に書かれていたものの、「共感を示す」「共感したことを（ツイートした友人に）伝える」と公式リツイートが共感のシグナルであることを理由として明確に書いたものの割合が68件中10件の14.7％と「友人や知人の日常の行動」に比べて高く出た。この「友人や知人の気持ち」の書かれた公式リツイートでは、想定読者として「フォロワーの一部を読み手」とする割合が高かったことから、オリジナルツイートの投稿者と読み手（友人）との交流が、「友人や知人の気持ち」を公式リツイートすることによって、しばしば行われていると言えるだろう。これには公式リツイートすればオリジナルツイート投稿者に通知が届くというツイッターのアーキテクチャも影響しているはずである。

3　特に目的なくなされる公式リツイート

　公式リツイートではツイートに比べて全般的に想定読者が意識されていた。とはいえいくつかの公式リツイートについては公式リツイートする理由や意図のなかに「特にない」と「なんとなく」が多く出現した。2語の合計出現率が高い元ツイート内容の上位三つは「人の写った画像」(順に12.9％、10.4％で合計23.3％)、「驚いたという感想」(12.1％、8.8％、計20.9％)、「うれしいという感想」(13.5％、6.8％、計20.3％)でいずれも20％を超えた。逆に2語の合計出現率が低く、何らかの明確な目的をもってなされる傾向を持つ公式リツイートは、「趣味に関するニュースや事実」(7.8％、4.2％、計12.0％)、「商品・サービスに関するニュースや事実」(9.1％、3.3％、計12.4％)、「面白いという感想」(7.9％、4.9％、計12.8％)、「友人や知人の気持ち」(8.2％、4.9％、計13.1％)であった。

第六節　10代利用者の公式リツイートの理由や意図

　公式リツイートについても10代後半層を分析してみよう。第2動機調査では、15歳から39歳までの5歳きざみの5群が同割合になるようにサンプル割付を行ったので、公式リツイート内容に年代別のリツイート頻度差がなければ15～19歳サンプルがその公式リツイート内容の20％を占めることになる。たとえば最も良く公式リツイートされていた「政治や経済・経営、社会に関するニュースや事実を知らせるツイート」は405人が「月に2～3回程度」以上公式リツイートしていたが、この20％の81人は15～19歳になる。ところが、19種類のうち18の公式リツイート内容でその値は20％を上回った。唯一の20％未満は「政治や経済・経営、社会に関するニュースや事実」であった。つまり10代後半層では、この内容以外は一定期間内に多数の公式リツイートがなされている。

　15～19歳の投稿者が全体の25％を超えたものが13種類にも及び、なかでも「友人や知人の日常の行動」(34.1％)、「友人や知人の気持ち」(35.5％)、「人の写った画像」(34.7％)の3つは33％を超えた。また13種類のなかには「～という感想を持った」という元ツイート内容が七種類含まれるが、年齢層別に差の

小さい「面白い」を除くすべてで28％以上となり、これらの感情が公式リツイートに結びつきやすい傾向が見て取れる。10代後半層では、何らかの感情を持つことによって、他層に比べて投稿が呼び起こされやすい傾向がツイートの場合において見られたが、公式リツイートの場合は特にその傾向が強い。

　では、彼らの公式リツイートの理由や意図の分析に進もう。表4-4と表4-5に元ツイート内容別にその公式リツイートの理由のテキストマイニング結果を、頻出語とその出現率について6位までまとめた。上段が15～19歳、下段が20～39歳を示している。

　ここでも全体での最頻出語の一つである「欲しい」に注目すると、10代後半層においてそれが20代以上に頻出するというツイートと同様の結果が得られた。10代後半層と20代以上の2群で「欲しい」の頻度の順位に差があることは「商品・サービスに関するニュースや事実」や「趣味に関するニュースや事実」で明らかである。また同順位や10代後半層において順位が下の場合でも出現率は10代後半層において20代以上よりも高い場合が多い。「政治や経済・経営、社会に関するニュースや事実」は唯一10代後半層による公式リツイート件数が全体の20％を割った公式リツイート内容であったが、「欲しい」の順位は10代後半層の方が低いものの、「知って欲しい」という理由で公式リツイートする割合は10代後半層で極めて高い。さらに10代後半層において「したい」が表中に現れにくいことや、「したい」が出現する場合であっても「欲しい」との順位の関係から、彼らが自ら何かを「したい」というよりも他者に何かを「して欲しい」がために公式リツイートするという全般的な傾向が確認できる。これはツイートと同傾向である。

　文脈の分析の結果から、「ニュースや事実」が書かれた複数の元ツイートでは「知って欲しい」が、何らかの「感想を持った」という元ツイートでは「共感して欲しい」が多いことが確認された。けれども10代後半層が「ニュースや事実」が書かれた元ツイートを公式リツイートするときに、「知って欲しい」相手は誰なのかを分析すると、20代以上に比べて、「読み手を特に想定することなく」の割合がいずれでも約10ポイント高くなっていた[13]。加えて、何らかの「感想を持った」元ツイートを公式リツイートするときでも、項目により差はあるものの、20代以上に比べて、「読み手を特に想定することなく」の割合は5から20ポイント高くなっていた[14]。つまり10代後半層は、他者に何らかの

表 4-4 公式 RT 内容別（前半）の公式 RT する理由や意図における頻出語（年齢層別比較）

元ツイート（公式RT）内容	年代	1位 語	1位 出現率	2位 語	2位 出現率	3位 語	3位 出現率	4位 語	4位 出現率	5位 語	5位 出現率	6位 語	6位 出現率
1 芸能人、クリエイター、スポーツ選手などの公式／告知情報が書かれたツイート	15～19歳	知る	21.1%	共有	17.5%	欲しい	17.5%	好き	14.0%	情報	14.0%	なんとなく	12.3%
	20～39歳	知る	16.8%	情報	15.7%	共有	12.7%	欲しい	12.2%	したい	10.2%	自分	9.6%
2 芸能人、クリエイター、スポーツ選手などの個人的意見が書かれたツイート	15～19歳	知る	16.3%	知る	14.3%	好き	12.2%	共有	10.2%	特にない	10.2%	欲しい	8.2%
	20～39歳	共感	17.5%	知る	12.0%	意見	11.4%	特にない	10.2%	人	9.0%	共有	8.4%
3 友人や知人の日常の行動が書かれたツイート	15～19歳	面白い	17.2%	友達	16.1%	知る	10.3%	特にない	9.2%	楽しい	8.0%	自分	8.0%
	20～39歳	面白い	13.7%	共感	10.1%	知る	10.1%	友達	10.1%	特にない	8.9%	共有	8.3%
4 友人や知人の気持ちが書かれたツイート	15～19歳	共感	29.9%	面白い	10.3%	知る	9.2%	特にない	8.0%	なんとなく	6.9%	共有	6.9%
	20～39歳	共感	26.6%	共有	10.8%	知る	10.8%	特にない	9.5%	特にない	8.2%	友達	7.0%
5 会ったことのない人の気持ちが書かれたツイート	15～19歳	共感	36.9%	特にない	13.8%	自分	9.2%	面白い	7.7%	思う	6.2%	知る	6.2%
	20～39歳	共感	29.2%	面白い	11.8%	したい	8.7%	自分	8.7%	自分	6.8%	共有	6.2%
6 政治や経済・経営、社会に関するニュースや事実を知らせるツイート	15～19歳	知る	34.8%	特にない	23.9%	欲しい	21.7%	共有	8.7%	情報	6.5%	思う	6.5%
	20～39歳	知る	20.5%	欲しい	12.2%	自分	9.8%	共有	8.8%	特にない	8.3%	意見	7.3%
7 芸能・スポーツのニュースや事実を知らせるツイート	15～19歳	知る	27.8%	欲しい	20.4%	共有	14.8%	特にない	13.0%	特にない	9.3%	情報	9.3%
	20～39歳	共有	16.3%	共有	11.6%	情報	10.5%	したい	10.0%	周知	8.9%	人	8.9%
8 商品・サービスに関する事実を知らせるツイート	15～19歳	欲しい	21.5%	欲しい	21.5%	特にない	15.4%	情報	12.3%	したい	10.8%	したい	6.2%
	20～39歳	知る	16.2%	知る	16.2%	欲しい	11.0%	欲しい	11.0%	したい	9.5%	商品	8.1%
9 趣味に関する事実を知らせるツイート	15～19歳	共感	26.4%	趣味	20.7%	共有	16.1%	欲しい	16.1%	特にない	12.6%	同じ	10.3%
	20～39歳	知る	18.8%	趣味	17.7%	情報	15.9%	人	14.4%	したい	12.9%	同じ	11.1%
10 仕事や勉強で必要な／有益なニュースや事実を知らせるツイート	15～19歳	特にない	15.0%	なんとなく	11.7%	共有	11.7%	知る	11.7%	知る	10.0%	したい	8.3%
	20～39歳	情報	18.5%	共有	11.9%	自分	10.1%	知る	9.5%	記録	8.3%	特にない	8.3%

同順位でありながら別順位で表示されている場合や同率6位で表示されている場合もある
「欲しい」に網がけ

表4-5 公式RT内容別（後半）の公式RTする理由や意図における頻出語（年齢層別比較）

元ツイート（公式RT）内容	年代	1位 語	1位 出現率	2位 語	2位 出現率	3位 語	3位 出現率	4位 語	4位 出現率	5位 語	5位 出現率	6位 語	6位 出現率
11 面白いという感想を自分が持ったツイート	15～19歳	欲しい	21.9%	面白い	15.2%	共感	10.5%	共有	10.5%	知る	10.5%	特にない	10.5%
	20～39歳	面白い	18.0%	共有	16.7%	共感	13.0%	したい	11.0%	知る	11.0%	共感	10.3%
12 うれしいという感想を自分が持ったツイート	15～19歳	共感	15.2%	欲しい	13.9%	欲しい	13.9%	知る	11.4%	したい	10.1%	なんとなく	10.1%
	20～39歳	嬉しい	13.9%	特にない	13.9%	特にない	13.4%	したい	12.9%	共感	10.4%	欲しい	9.4%
13 かわいいという感想を自分が持ったツイート	15～19歳	共感	16.7%	共感	14.3%	共有	13.1%	共感	10.7%	共感	10.7%	特にない	10.7%
	20～39歳	欲しい	14.2%	欲しい	12.7%	特にない	12.3%	特にない	11.8%	特にない	11.8%	かわいい	9.3%
14 驚いたという感想を自分が持ったツイート	15～19歳	共感	17.9%	共感	14.3%	特にない	14.3%	なんとなく	11.9%	共有	9.5%	知る	9.5%
	20～39歳	欲しい	14.1%	共有	13.1%	したい	12.2%	特にない	11.3%	特にない	11.3%	知る	10.8%
15 好きだという感想を自分が持ったツイート	15～19歳	欲しい	18.6%	共有	16.3%	共有	14.0%	共感	11.6%	共有	10.5%	共有	8.1%
	20～39歳	欲しい	12.5%	知る	12.0%	共感	11.5%	自分	11.5%	したい	11.1%	したい	9.6%
16 腹立たしいという感想を自分が持ったツイート	15～19歳	知る	16.3%	欲しい	14.3%	特にない	12.2%	共感	10.2%	共感	10.2%	なんとなく	6.1%
	20～39歳	共感	17.4%	特にない	13.9%	共感	13.9%	自分	7.8%	意見	6.1%	発散	5.2%
17 共感したいという感想を自分が持ったツイート	15～19歳	欲しい	34.4%	欲しい	21.9%	知る	11.5%	なんとなく	9.4%	自分	9.4%	特にない	9.4%
	20～39歳	共感	28.1%	特にない	13.6%	自分	12.3%	したい	11.9%	知る	11.9%	共有	9.8%
18 動物やキャラクターの画像を含んだツイート	15～19歳	かわいい	31.8%	特にない	13.6%	知る	10.6%	欲しい	9.1%	なんとなく	9.1%	共有	6.1%
	20～39歳	かわいい	30.0%	欲しい	13.3%	したい	11.1%	好き	8.9%	特にない	7.8%	友達	7.2%
19 人の写った画像を含んだツイート	15～19歳	特にない	14.3%	なんとなく	12.9%	写真	11.4%	知る	10.0%	欲しい	10.0%	友達	10.0%
	20～39歳	特にない	22.9%	なんとなく	17.1%	したい	12.9%	欲しい	11.4%	欲しい	11.4%	知る	11.4%

同順位でありながら別順位で表示されている場合や同率6位で表示されていない場合もある
「欲しい」に網かけ

期待をしながら公式リツイートするにもかかわらず、その他者は必ずしも具体的な相手として考えられていないようである。これもツイートにおける分析結果と同様である。

ここで3章で紹介した「テレ・コクーン」概念 (Kobayashi & Boase, 2014) を再登場させると、10代後半層に意識されている他者は、フォロワーの誰かではあるものの、さほど強く具体化 (表象) されないもので、しかしながら実体はフォロワーの一部をなす親しい者 (オンライン、オフラインの関係を問わない) であると推測される。つまり、そのような「他者」に対して、何らかの期待をしながら半ば習慣的に頻繁に公式リツイートするのが10代後半層であろう。

もう一つの特徴は、10代後半層で、「特にない」の出現率が「ニュースや事実」が書かれた元ツイート群で高いことである。この後に触れる「友人や知人」関連の元ツイートや「芸能人、クリエイター、スポーツ選手などの個人的意見」では20代以上と「特にない」の出現率の差が小さいことから、10代後半層が明確な目的なく公式リツイートでこれらの「ニュースや事実」を転送している傾向が見て取れる。

最後に「友人や知人」に関する2種類の元ツイートを見てみよう。「友人や知人の日常の行動」では10代後半層と20代以上の2群のいずれも「面白い」が1位で、かつ年代差による出現率差は大きくない。しかし、「友人や知人の気持ち」になると年代層による差が出てくる。「共感」が高い出現率で1位である点は2群に共通だが、「面白い」が公式リツイートの理由として現れているのは10代後半層のみである。そして彼らの友人関連の公式リツイート数の極端な多さも考慮すると、10代後半層では、友人や知人の「行動」であれ「気持ち」であれ、「面白い」と感じられた元ツイートが非常に多く公式リツイートされていると考えて良いだろう。

その時に彼らによって想像されている転送先は「テレ・コクーン」と呼ばれる実質的には狭い世界であり、第2動機調査の結果でも「友人や知人」についての二つの元ツイートが公式リツイートされるときは「フォロワーの一部を読み手」の割合がいずれも46％以上と高い。そして本章ですでに見たように、公式リツイートすることがオリジナルツイートの投稿者への「共感した」というシグナルになっていることもあるのだろう。だが同時に、荻上 (2014) によって「異圏人との遭遇」として指摘される炎上を生み出す契機は、このような仲

間内との「面白さ」に由来する公式リツイートにある可能性が想定される。すなわち、別の立場による別解釈があり得ると想像されずになされる、軽率とも言える公式リツイートが次なる公式リツイートを生むという構造である。

第七節　公式リツイートの理由や意図に関するまとめ

　本章ではアンケートと自由記述のデータを使い、公式リツイートの投稿理由や意図を元ツイート内容別に分析してきた。箇条書きで、前半のポイントを整理しよう。

1　公式リツイートの頻度と感情に関するまとめ

（1）　公式リツイートされる頻度の高い元ツイート内容は、「政治や経済・経営、社会に関するニュースや事実」「友人や知人の日常の行動」「芸能人、クリエイター、スポーツ選手などの個人的意見」で、「1日1回」以上でみると、「政治や経済・経営、社会に関するニュースや事実」が一段と高いことから、この元ツイート内容が公式リツイート全体では多くを占める。

（2）　公式リツイートを生み出しやすい感情としては、「面白い」が抜きんでており、ついで「楽しい」「好きだ」「すてきだ」が挙がった。このうち「面白い」と「好きだ」は、いずれも「共感して欲しい」と「知って欲しい」の両方の理由から公式リツイートされる。

（3）　全般に、公式リツイートはコンサマトリーな動機を満たすものとなっており、「面白い」と「好きだ」という感想をもった元ツイートがリツイートされるときにその傾向を強く持つ。ただし、「政治や経済・経営、社会に関するニュースや事実」はコンサマトリーな動機を強く満たすものではなく、相対的に冷静な判断とともに公式リツイートされている。

（4）　公式リツイート内容によって想定される読み手は幾分変わり、ツイートの投稿に比べて公式リツイートでは利用者は読者に対して意識

的になっている。また「フォロワーの一部」に向けてなされるものがツイートに比べて公式リツイートでは多いと推測される。

2　公式リツイート内容と転送理由の関係

　本章の後半では、テキストマイニングによる頻出語を手がかりに、いくつかの切り口で公式リツイートの理由や意図を分析してきた。それらをまとめたのが表4-6である。丸を付した元ツイート内容が、当該の投稿理由や想定読者に強く結びついたものである。これは探索的分析の結果であるが、6グループに分けた元ツイート内容とその公式リツイートの理由や意図との関係は、大まかな両者の関係把握を助けるだろう。

　表4-6を上から見ていくと、「知って欲しい」という意図でなされる第1グループの公式リツイート群がある。それらの元ツイートの多くは「情報」と捉えられており、なかでも「商品・サービス」「趣味」に関するものは特に明確な意図をもってなされる公式リツイートである。また「好き」ゆえに周知したいという理由も垣間見られる。

　第2グループとされるのが、タイムラインに表示されたツイートを公式リツイートすることで、「広める」と同時に自分にも「記録」される「仕事や勉強で必要な／有益なニュースや事実」である。

　第3グループは「広めたい」「知らせたい」という理由によってなされる公式リツイート群である。これらは「芸能人、クリエイター、スポーツ選手などの個人的意見」「会ったことのない個人の気持ち」などの元ツイートに意見や気持ちが書かれたもので、公式リツイートする者が元ツイートの投稿者に会った（話した）ことのない場合が多いと考えられる。このしがらみのなさと後者では読者も想定されないことが多いことから時として大規模な伝播を生むと考えられる。

　第4グループは、なんらかの感想を元ツイートに対して持った内容を示すものが並ぶが、これらが公式リツイートされる場合は、「共感して欲しい」や「共有したい」という理由が強く表れてくる。一方第5グループでは、「共感して欲しい」が弱くなり「共有したい」という理由のみが際立つようになる。

　また第6グループの友人が投稿する元ツイートを公式リツイートするケース

表4-6 公式RT内容とその理由と意図との関係

グループ	公式リツイート内容（元ツイート内容）	公式RTの理由と想定読者									
		知って欲しい	広めたい／知らせたい	共感して欲しい	共有したい	情報	記録	仲間内での交流	目的不明確	目的明確	読者想定せず	フォロワー全員	フォロワーの一部
1	政治や経済・経営、社会に関するニュースや事実を知らせるツイート	○	○			○					○		
1	芸能・スポーツのニュースや事実を知らせるツイート	○	○			○							
1	商品・サービスに関するニュースや事実を知らせるツイート	○	○			○				○			
1	趣味に関するニュースや事実を知らせるツイート	○	○			○				○			
1	芸能人、クリエイター、スポーツ選手などの公式／告知情報が書かれたツイート	○	○		○								○
1	好きだという感想を自分が持ったツイート	○	○	○								○	
2	仕事や勉強で必要な／有益なニュースや事実を知らせるツイート		○			○	○						
3	芸能人、クリエイター、スポーツ選手などの個人的意見が書かれたツイート		○										○
3	会ったことのない個人の気持ちが書かれたツイート		○								○		
4	かわいいという感想を自分が持ったツイート		○	○	○								
4	腹立たしいという感想を自分が持ったツイート			○							○		
4	共感したという感想を自分が持ったツイート			○	○							○	
4	うれしいという感想を自分が持ったツイート			○	○			○					
5	驚いたという感想を自分が持ったツイート		○					○					
5	人の写った画像を含んだツイート			○				○					
5	面白いという感想を自分が持ったツイート			○						○	○		
6	友人や知人の日常の行動が書かれたツイート							○					○
6	友人や知人の気持ちが書かれたツイート		○					○	○				○

では、特に「友人や知人の気持ち」をそうする場合に、公式リツイートするという行為そのものが元ツイートの書き手に対する「共感したというシグナル」になっている場合が多い。その程度は低いものの「友人や知人の日常の行動」

表4-7　公式RTの理由や意図の6パターン

パターン	公式RTの理由や意図
1	情報の広い周知。基本的に好意的な感情によって公式RTされる。
2	情報の周知と同時に自分自身への記録。
3	元ツイートに込められた、あるいは自分にわき起こった感情の強さから周知も求める。
4	自分にわき起こった感情への共感と共有を求める。自分のフォロワーによる転送を必ずしも求めずに、自分のフォロワーと共有できれば良いとする。
5	自分のフォロワーと「驚き」と「面白さ」を共有する。多くの場合、「共有したい」という気持ちの切実さは強くない。
6	「面白さ」の共有や共感を狙う。公式RTが交流のシグナルとなるが、公式RTゆえに当事者間でのやりとりは続かない。他方で、友人以外のフォロワーにより、さらに公式RTされることがある。

も含めて、仲間内での交流を意図して公式リツイートされるケースが相応に存在すると考えられる。その時の元ツイートに対する感想としては「面白い」が非常に多い。そして本来は内輪うけで終わるべきものが、2次以降の公式リツイートにより炎上を生むこともある。

3　公式リツイートの六つのわけ

　以上の考察をもとに、公式リツイートの理由や意図だけで整理したものが表4-7である。元ツイートに対して抱かれる感情の強さ、すなわち利用者が公式リツイートした先での2次以降の公式リツイート率を考えると、最も大きな潜在的伝播力を持つのは第3パターンと第6パターンである。このうち後者の大規模伝播構造はすでに記したが、第3パターンに分類される大規模伝播の例としては、非常時のものであるが、「RT願います。地震が起こったら、必ず窓を開けてください。そして家にいる人は、今、お風呂に水をためてください。まだ、電気が通じる人は、ご飯を炊いてください。阪神淡路大震災の経験から、皆さん」と書かれた東日本大震災時のツイートがある (Sasahara et al. 2013; 笹原, 2014)。各所で満遍なくリツイートがなされた伝播構造によって、この元ツイートはデータ収集対象43万8000人のうち約3万人に到達したが、冒頭に「リツイート願います」と「会ったことのない個人の気持ち」が書かれたものであった。

第1、第4、第5パターンの理由や意図によってなされるツイートも大きく伝播される可能性を持つだろうが、仮に公式リツイートした者がフォロワーによる2次の公式リツイートを強く望んでいないことがフォロワーに伝わるとすれば、大規模な伝播は生まれにくいと考えられる。つまりこの場合、ネットワーク全体でのフィルタリング機能が働くことになる。

第八節　ツイッターにおける他者への期待、再考

　最後にツイートと公式リツイートのわけの共通点と差異をまとめ、投稿者や転送者がツイッターから何を得ているのかを記すことで本章を締めくくろう。
　ツイートにせよ公式リツイートにせよ、「楽しい」「うれしい」「面白い」「好きだ」「すてきだ」といった肯定的な気持ちでなされる点は共通であった。ただしツイートでは、「楽しい」と「うれしい」が特に強く、公式リツイートでは「面白い」が特に強い点で少しの差異を見せた。また総じてコンサマトリー性の動機の満たす点も両者に共通であった。
　一方、想定読者については、ツイートと公式リツイートとの間に差が存在した。ツイートでは「読み手を特に想定することなく」の割合が35％を超えて投稿される内容が21種類中20あったが、公式リツイートではこの割合が35％超の元ツイート内容は19種類中13であった。すなわち非公式リツイートを扱ったボイドら (boyd et al., 2010) の結果と整合的に、ツイートに比べて公式リツイートは転送者が読者に対して意識的であった。公式リツイートはツイートに比べて、コンテンツの探索＋制作＋発信のコストが小さいので、その分転送されたツイートを誰が読むかを考えることに利用者のコストは配分されているのかもしれない。理由はともあれ、ツイートに比べて公式リツイートにおいて読者が意識されている点は、10代後半層を除けば、ツイートの発信責任よりも公式リツイートにおける転送責任の方が大きいと利用者からは判断されていることになり、それがネットワーク全体でのフィルタリング機能に寄与していることになる。
　さてここで話を前章の最後で取り上げたボナンゴ（木村, 2003）に戻そう。ボナンゴにあえて反応を示さないことが適切な態度であるように観察されたこと

から、木村はこの態度をゴッフマン（Goffman, 1963 丸木他訳, 1980）の儀礼的無関心になぞらえた。けれども公式リツイートする理由や意図の分析を踏まえると、ツイートは無視されるものではなく、むしろツイートした人物への儀礼的なものも含む関心によって少なからぬ反応を得られるものであると言える。また儀礼的関心のみならず、ツイート内容への偶有的関心によっても少なからぬ反応が得られるものともツイートは捉えられている。

　順に説明していこう。本章の分析では、「友人や知人の日常の行動」と「友人や知人の気持ち」を公式リツイートする理由に、元ツイートが（に）「面白い」「共感した」ということを伝えるシグナルであるからというものがあった。これは友人や知人への関心を示すものに他ならない。しかもこの二つの元ツイート内容を公式リツイートする頻度は高く、「週に数回程度」以上する者は、前者で31.4%、後者で26.2%であった。そしてこの2つの元ツイート内容は、21種類のツイート内容のうち最も多く投稿されていた「今自分のしていることや置かれている状況を書いたツイート」にあてはまることが多い。つまりツイートに込めた「〜して欲しい」という他者への期待に対して、ツイート投稿者は相応の反応という報酬を得ていることになる。この傾向は10代後半層で強く、たとえば土井（2008）は、若者の人間関係が儀礼的になってきていると指摘する[15]。もちろんすべての年代において反応が儀礼的であるか否かには議論の余地はある。だが少なくとも儀礼的無関心という概念でツイッターを語ることには無理がある。

　では二つめの偶有的関心へ進もう。こちらは人間関係がさほど考慮されず、たまたま出会ったツイート内容へ関心が持たれた場合を指す。「友人や知人の日常の行動／気持ち」以外の元ツイートで、「週に数回程度」以上という基準で公式リツイートされる率が高かったのは、「政治や経済・経営、社会に関するニュースや事実」（40.9%）、「芸能人、クリエイター、スポーツ選手などの個人的意見」（30.4%）、「仕事や勉強で必要な／有益なニュースや事実」（27.0%）、「芸能・スポーツのニュースや事実」（24.7%）、「商品・サービスに関するニュースや事実」（20.2%）であった。このような内容を公式リツイートする場合には偶有的関心が契機となることがあるだろう。ツイートする理由の分析のなかで、「趣味に関するニュースや事実」「今見ているテレビ番組についての自分の感想」「好きな芸能人、クリエイター、スポーツ選手などについての自分の感

想」の三つには「同じ」という語がその理由に登場した。この点については、同じ趣味を持つ人などから、どこからともなく自分のツイートに対する反応がやってくることに期待するユーザーが存在すると記したが、これが偶有的関心による関係性である。公式リツイートしたことは元ツイートの投稿者に通知されるので、その反応が見逃されることも少ない。

つまり川上ら（1993）がパソコン通信において指摘し、また志村（2005）がブログにおいてより広い未知のネットワークへと拡大する可能性を示した「情報縁」に期待し、またそれに応えるユーザーの姿がツイッターにもある。本章では公式リツイートしか扱っていないが、既述のように第1調査でツイートにリプライを「週に1回程度」以上する者は38.6％おり、またツイートのうち26.1％はメンションで占められていた。以上から偶有的関心が媒介する他者への期待とそれへの反応もツイッターの特徴と言って良いだろう。

したがって3章の最後で提起された「ツイートに込められた他者への期待は反応とともに満たされているのだろうか」という問いに対する答えはこうなる。ツイートに込められた他者への期待は、期待だけに終わるわけではなく、ツイート投稿者は儀礼的関心と偶有的関心という二つの側面から一定の反応や報酬を受け取っている。つまり木村（2011）が指摘したツイートとボナンゴの類似性は薄いことになる。

注

1） ウォールとは自分の近況や写真などを投稿する場所で、ウォールへの投稿内容は友人のニュースフィードに表示される。ただし友人の設定によりそのコンテンツが表示されない場合もある。
2） ソーシャルプラグイン機能は、あるHTMLコードをコピー＆ペーストするだけで、外部サイトがソーシャル化することを可能にする。友人関係データのフェイスブック外での利用を可能にするオープングラフプロトコルとフェイスブックが持つデータベースを外部へデータ提供するグラフAPIとで構成される。
3） Myers et al.（2014）では、ツイッターでのノード間の平均距離は4.17、日本では3.89であった。
4） ここでのリツイートは、対象アカウントの「@username」および"RT"などの文字列が含まれるものを指す。メンションは、ツイート中に対象アカウントの「@username」が含まれるものである。分析対象ツイート数は17億5,500万であった。
5） 実務の世界でこちらの立場が主流なのは、そうでないと情報伝播はマネジメントできないことになり、広告会社などにとって活躍の機会がないことになるからである。
6） 広義のリツイートとは公式リツイートおよび"RT @"や"retweet @"などの特定文字列を含むものの両方を指す。
7） ただし、東日本大震災の前、発生直後、発生6日後以降の3つに日本語ツイートデータを分割して分析したパーヴィンら（Pervin et al., 2014）では、URLやハッシュタグを持つことがリツイート数に正の効果を持

つのは震災前の平時のみで、震災直後と発生6日後以降においては、両者が含まれることはリツイート数には負の効果を持つことが報告された。異なる複数のフォローから同じツイートが流れてきていることが、震災後の2時期においてはリツイート数に正の効果を持つことが示された。

8）　アマゾンメカニカルターク（Mechanical Turk）では、人間の判断や解釈が必要なデータ収集を、多数の参加者に少額の報酬を支払うことで可能とする。学術分野でもジャンル分類など（Sheng et al., 2008; Snow et al., 2008）で利用されている。

9）　ツイッターが公式リツイート機能を導入する09年11月以前は、リツイートには非公式なものしかなかった。ただし非公式リツイートを少ないボタン操作回数で実現するクライアントは存在し、同社がサードパーティによるクライアント開発を後押ししていたこともあり、公式リツイート導入後もしばらくは非公式リツイートのリツイート全体に占める割合は高かった。しかし利用者数が拡大し、同社の公式アプリ（それには少ないボタン操作回数で非公式リツイートを実現する機能はなかった）のシェアが高まると、非公式リツイート率は下がっていった。

10）　1：ツイート内容（以下T）「自分自身の腹立たしい気持ちを書いたツイート」と公式リツイート内容（以下RT）「腹立たしいという感想を自分が持ったツイート」。2：T「自分自身の驚いた気持ちを書いたツイート」とRT「驚いたという感想を自分が持ったツイート」。3：T「自分自身のうれしい気持ちを書いたツイート」とRT「うれしいという感想を自分が持ったツイート」。4：T「自分自身の面白いと思った気持ちを書いたツイート」とRT「面白いという感想を自分が持ったツイート」。5：T・RTとも「趣味に関するニュースや事実を知らせるツイート」。

11）　データクリーニング後、19種類の元ツイート内容に対する理由や意図がすべて同回答だった24名、また19種類ではないがすべての回答が「ある」もしくは「ない」となっていた11名、さらに19種類のすべての回答がブランクであった225名も除外した。第2動機調査直前の予備調査で、ツイッターでの個人的投稿（リツイートを含む）の頻度が、「週に数回程度」以上の者をスクリーニングしたが、提示した19種類の元ツイート内容のリツイートがいずれも「月に2〜3回程度」の投稿頻度に満たなかったものが830名中、225名（27.1％）いたことになる。

12）　「左合計」とは、分析の中心となる語（ここでは「欲しい」）の左（横書きのため「左」だが「前」と同じ意味）に当該語が何回現れたかの値。「欲しい」の直前にある場合も、数語前にある場合も同列に数えた。

13）　「読み手を特に想定することなく」の割合は、「政治や経済・経営、社会に関するニュースや事実」では10代後半層（N＝46）が47.8％、20代以上（N＝205）が38.5％。「芸能・スポーツのニュースや事実」では10代後半層（N＝54）が42.6％、20代以上（N＝190）が32.1％。「商品・サービスに関するニュースや事実」では10代後半層（N＝65）が44.6％、20代以上（N＝210）が34.8％。「趣味に関するニュースや事実」では10代後半層（N＝87）が43.7％、20代以上（N＝271）が31.0％。「仕事や勉強で必要な／有益なニュースや事実」では10代後半層（N＝60）が40.0％、20代以上（N＝168）が32.7％。

14）　「読み手を特に想定することなく」の割合は、「面白いという感想」では10代後半層（N＝105）が39.1％、20代以上（N＝300）が34.0％。「うれしいという感想」では10代後半層（N＝79）が41.8％、20代以上（N＝202）が33.7％。「かわいいという感想」では10代後半層（N＝84）が46.4％、20代以上（N＝204）が33.3％。「驚いたという感想」では10代後半層（N＝84）が45.2％、20代以上（N＝213）が32.8％。「好きだという感想」では10代後半層（N＝86）が44.2％、20代以上（N＝208）が32.2％。「腹立たしいという感想」では10代後半層（N＝49）が59.2％、20代以上（N＝115）が34.8％。「共感したという感想」では10代後半層（N＝96）が40.6％、20代以上（N＝235）が36.2％。

15）　若年層におけるツイッターでのコミュニケーション、特にツイートに反応を求める点については佐々木（2014）でも論じている。

5章
人びとはツイッターで何を見ているのか
――情報受信手段としてのツイッター

　ここまで、ツイッターにおけるネットワークの構成を分析し、ツイート、リツイートというツイッターにおける情報発信行動についての分析を行ってきた。本章では、ツイートを受け取る側の利用に着眼した分析を進めていこう。

第一節　情報環境としてのツイッターと意見レベルの極化

　ツイッターには大きな特徴としてカスタマイズ可能性の高さがある。ツイッターで利用者はそのニーズに対応するような形でネットワークを構成している（2章）。そうしたネットワークを通じてホームタイムラインに流れてくるツイートに利用者は接触していくことになるが、こうした情報環境に関する具体的な論点の一つとして、「選択的接触」が挙げられる（柴内, 2014）。選択的接触はメディア効果論において導かれた仮説であり、人は自分の先有傾向、つまり元々持っている態度と合致する情報に接触しやすいというものである（Lazarsfeld et al., 1968　有吉訳, 1987）。
　この論点によるツイッター研究としてよく知られているのが、コノバーら（Conover et al., 2011）による2010年の米国中間選挙時のツイッター分析である。コノバーらは中間選挙までの6週間に投稿された政治関連のツイート252,300件を収集し、このデータからリツイートとメンションにもとづく、2種類の政治的コミュニケーションネットワークを作成し、分析を行った。コノバーらはネットワークを構成する各ノードについて、リベラル系と保守系という二つの政治的意見に分類した。メンションネットワークではリベラル系と保守系のノードが関係しあっていたが、リツイートネットワークではリベラル系と保守系のノードがそれぞれクラスターを形成していることを示した。つまり、メンションによって自分と異なる政治的意見をもったアカウントに言及することが

みられたのに対し、リツイートでは自分と類似した政治的意見をもったアカウントのツイートを拡散していたのである。

オンラインでの政治的意見の極化現象に関連して、小林 (2012) はネットワーク凝集性の高さとそのネットワークにおける同質的な意見をもつ人の割合との間に正の関係があることを実証している。小林は日本におけるツイッター利用者に対して、「あなたがフォローしている方々のうち、ものの考え方や行動の仕方が似ていると思う方」と「あなたをフォローしている方々のうち、ものの考え方や行動の仕方が似ていると思う方」の割合を 0 ～ 100％で回答をもとめた。そして、各回答者の相互フォロー率とエゴセントリックな相互フォローネットワークにおけるクラスタリング係数を算出し、分析を行っている。その結果、ネットワークの凝集性の指標と考えられる相互フォロー率とクラスタリング係数は、いずれもフォローにおける同質な他者の割合、フォロワーにおける同質な他者の割合と正の関係にあった。

また、小川ら (2014) は原子力発電の是非に関するツイートを読んだり、ツイートしたりしたことのある利用者の分析を行った。小川らは回答者による多数派認知だけでなく、機械学習の手法を用いて原子力発電問題に関する意見の同質性を客観的に推定した。その結果、クラスタリング係数は回答者による多数派認知と正の関係にあり、客観的に推定された意見の同質性とも正の関係にあることが示された。そして、ツイッターのエゴセントリックネットワークにおける意見の同質性は、原子力発電の是非に関する意見のツイート、特にリツイートを促す可能性が示された。この点は、コノバーら (Conover et al., 2011) の知見とも一貫して解釈できる。小川らの知見はツイッター上の沈黙の螺旋過程を支持するものである。特にツイッター上で多数派に属しているという認知や同質的な他者から構成されるネットワーク環境において、政治的意見を含むツイートは肯定され、特にリツイートによって、クラスターにおける意見が画一的になりやすいことを示唆している。

ここまでの諸知見をまとめれば、次のようになるだろう。ツイッターにおける高いカスタマイズ可能性は、元々の態度と合致した情報に接触しやすい環境の形成につながる可能性を示唆している。さらにそれを強化する形で、意見の極化が起きることにつながりうる。このように、政治的情報環境としてツイッターを考えると、意見の極化や分断化につながる可能性がある。

第二節　高選択メディア環境と内容（ジャンル）レベルの極化

　意見や態度の分断化は重要な問題ではあるが、政治的情報環境としてのツイッター利用は、ツイッター利用の一側面でしかない。むしろ、前章までの分析を踏まえれば、ツイッターにおける情報受信においては意見レベルよりは、内容（ジャンル）レベルの分断化のほうが起きやすいと考えられる。つまり、そもそも情報環境としてのツイッターが政治的情報環境として機能するか否かといった、内容（ジャンル）レベルで情報環境の分断化が生じうる。

　ツイッター上には多様な内容（ジャンル）の情報が流通している。例えば、東日本大震災発生後にツイッター上では震災関連のツイートが増加したが、震災発生前（通常時）の日本語ツイート内容の6割は娯楽系であった（NEC ビッグローブ, 2011）。一方、月に 2～3 回程度以上、公式リツイートする割合の高かった元ツイートの内容は「政治や経済・経営、社会に関するニュースや事実を知らせるツイート」(71.1%) であった（4 章）。とはいえ、「芸能・スポーツのニュースや事実を知らせるツイート」も公式リツイートされやすい（4 章）。このように、ツイッターでは政治・経済・社会に関する情報が流通する一方で、娯楽に関する情報も多く流通している。

　メディア研究の分野では、こうした多様な内容（ジャンル）に関わる情報の流通に関わる議論が提起されている。プライアー（Prior, 2005）によればケーブルテレビとインターネットは、それぞれ異なる技術ではあるが、多様な内容を含み、利用者が自分の選好に合わせて選択する余地の大きな高選択メディアである点が共通している。高選択メディアの普及状況を背景に、プライアーは複数の社会調査データを用いて、高選択メディアを利用している場合に、相対的な娯楽系コンテンツの選好度合い（Relative Entertainment Preference; REP）が政治的知識量と負の関係にあることを示した。つまり、高選択メディア（ケーブルテレビやインターネット）を利用していない場合には、選好度合いが高くても「ネットワークテレビのチャンネルがニュースであったとしても、スイッチを切るよりはマシ」という判断で、消極的にではあるがニュースから政治的知識を獲得することがある。その一方で、高選択メディアを利用していると、相対

的な娯楽系コンテンツの選好度合いが高いことは必然的に娯楽コンテンツへ接触が集中することにつながり、政治的知識の獲得機会を失うことを示したのである。

　この問題に対して、小林と稲増（Kobayashi & Inamasu, 2015）はプライアー（Prior, 2005）が「高選択メディア環境」としてくくったインターネットにおいても、政治的知識の学習が行われる場合があることを論じた。彼らはYahoo!ニュースでは、スポーツや芸能ニュースなどの娯楽ニュースと政治・経済関連ニュースを合わせて「トピックス」として表示しており、Yahoo!JAPANというポータルサイトは日本において一般的に利用されていることに着眼した。そして、一般サンプルデータとオンラインデータの2種類を用いて、相対的な娯楽系コンテンツの選好度合いの高い人にとってポータルサイトでのニュース閲覧が政治的知識の獲得機会となることを示したのである。

　プライアー（Prior, 2005）における議論からは、大局的にみればインターネットは高選択メディア環境といえるが、小林と稲増（Kobayashi & Inamasu, 2015）が示したように、インターネットの全てが単純に「高選択メディア環境」と呼べるものではない。例えばSNSでも、ミクシィ（mixi）はYahoo!ニュースのように娯楽ニュースと政治・経済ニュースの見出しをまとめて表示する機能を有しており、彼らもこれをポータルサイトの一種として論じている。しかし、ツイッターに関しては「高選択メディア環境」としての特色が現れやすいとみていいだろう。

　例えば、リーとオウ（Lee & Oh, 2013）によればツイッター利用者のハードニュース系知識の格差に対して、オリエンテーション欲求が影響しうる。オリエンテーション欲求とは自分の判断の拠り所、指針を求める欲求を指すが（Weaver, 1980）、ツイッター利用期間の長い利用者において、オリエンテーション欲求の高い者ほどハードニュース系知識が多い。リーとオウはこの結果について、デジタルデバイドに続く「新たなデジタル分化」（Peter & Valkenburg, 2006）に呼応するものだと述べている。デジタルデバイドはインターネットへのアクセスが主要な論点とされていたが（木村, 2001）、「新たなデジタル分化」はインターネット利用が一般したことに伴って、利用者間での分化に焦点を当てた考えである。リーとオウは、ツイッター利用期間が長くなるにつれて利用内容に分化が起きやすくなり、利用者のオリエンテーション欲求の差がツイッ

ター利用に反映され、ハードニュース系知識の格差につながっている可能性があると論じている。

　こうした知見はツイッターが「高選択メディア環境」として機能しているという見方を支持する。高選択メディア環境としてのツイッターのようすは、「意見レベルの分断」を示した諸研究によって明らかである。つまり、政治的意見の極化・分断化がツイッター上で起こりうる実証的知見は複数提示されている。リベラル対保守や原子力発電の是非といった政治的意見ですら分断されるのであれば、ニュースか娯楽かといった内容レベルの分断も起きていると考えられる。

　ネットワークレベルでの情報環境の差異は利用者のツイッター利用動機と関係している。つまり、利用者のホームタイムラインに表示されるツイートを規定するネットワークの構造が、利用者のツイッター利用動機と関係しているのであれば、ホームタイムラインに表示されるツイートの内容も利用者のツイッター利用動機によって規定される部分があると考えられる。

　こうした議論をふまえて、どのようなツイッター利用者が、ツイッター上でどのような情報に接触しているのかを見ていく。第一に、個人利用者が受信するツイートの内容をみてみよう。ここでは一般的な受信内容の分類を試みるため、相対的にタイムラインに現れやすい話題を通して内容の分類を行う。第二に、受信ツイート内容とツイッター利用者の調査票回答との関係を分析することで、理解を深めていこう。さらに、第二の分析をふまえた上で、どのようなツイッター利用者がどのような情報にツイッターを通じて接しているのかを明らかにしていく。

第三節　利用者が受信するツイートの内容

　日常的に、日本のツイッター利用者はどのようなツイートを受信しているのだろうか。まず、客観的なデータからアプローチしていこう。ここでは、TwitterAPIを用いて収集したデータから、人びとが見ている内容を明らかにしていく。用いるデータセットは2013年8月に収集したものである。具体的には、第1調査における調査協力者がフォローしているアカウントによるツイー

ト（公式リツイート含む）270,919,807件を分析対象とした。

分析は、次のような手順が踏まれた。まず、ツイートデータセットからサブセットとなる3万件のツイートを、3サブセット分、無作為抽出を行った。そしてこの3万件のツイート3サブセットをそれぞれ、KH Coder（樋口，2014）を用いて形態素解析にかけた。この形態素解析の結果から、抽出された名詞（名詞・サ変名詞・固有名詞・組織名・人名・地名）に着目し、3セット全てで100回以上出現する語を選定した。つまり、選定された語は、このデータセットにおいて、300ツイートに1回程度は含まれている名詞である。

このような方法で選定した語を30,000ツイートあたりの平均出現頻度順に示したのが表5-1である。全体で71語が選定された。もっとも平均出現頻度が高かった語は「笑」であり、以下「フォロー」「自分」「更新」「情報」と続く。100ツイートに1回程度は含まれる名詞は、平均出現頻度が300以上の語であるから、7位の「商品」までがそれに該当する。この7語のなかでは「フォロー」だけがツイッターの機能に関わる語であり、その他は比較的一般的な語であるが、「更新」や「情報」はインターネット固有語といえる。

その他の語のなかでは、企業名としては唯一「楽天」が平均出現頻度247.0で現れた。また、地名としては「東京」が平均出現回数194.7回で、「大阪」が平均出現頻度148.7で現れた。楽天はインターネットサービスの日本の代表的企業であり、東京と大阪は日本における東西を代表する大都市である。大規模なサービスや大都市は話題になりやすいのだろう。

しかしながら、多くのツイートに含まれているからといって、多くの個人利用者が受信する言葉であることは限らない。一部のアカウントでよく使用される語は、平均出現頻度は高くても、多数の利用者に受信される語にはならない可能性がある。そこで、ここで取り上げた71語に関して、第1調査での1週間あたり受信者率を示したのが表5-1の「受信者率」である[1]。受信者率は、調査対象者のフォローするアカウントが分析対象期間となった1週間に投稿したツイート（公式リツイートを含む）に、1回以上その語が含まれていた、つまりホームタイムラインにその語が出現した調査対象者の割合である。

9割強の利用者が受信した語は「日」「笑」「話」「感じ」「お願い」「仕事」「自分」の7語であった（表5-1）。このうち、100ツイートに1回は含まれている語は、「笑」と「自分」の2語のみである。ただし、「仕事」と「話」は平

❺章　人びとはツイッターで何を見ているのか　149

表5-1　平均出現頻度が300回以上の名詞とその受信者率

順位	語	平均出現頻度	受信者率(%)	順位	語	平均出現頻度	受信者率(%)	順位	語	平均出現頻度	受信者率(%)
1	笑	633.3	92.6	25	ゲーム	172.3	82.1	49	公開	131.7	84.4
2	フォロー	619.0	79.5	26	人間	172.0	80.4	50	会社	131.0	81.7
3	自分	561.3	90.1	27	人生	171.0	79.6	51	開催	131.0	86.9
4	更新	427.0	87.0	28	一緒	169.3	87.4	52	ポイント	130.0	79.4
5	情報	407.3	89.2	29	紹介	168.0	82.9	53	最高	129.0	86.5
6	無料	386.7	81.7	30	定期	164.3	68.2	54	先生	128.7	82.9
7	商品	359.3	78.3	31	感じ	162.7	90.8	55	相互	125.3	43.2
8	仕事	279.3	90.3	32	希望	161.0	78.4	56	プレゼント	123.3	83.2
9	話	262.0	92.1	33	アニメ	159.7	76.7	57	気持ち	122.3	86.7
10	方法	261.0	75.6	34	画像	157.7	80.3	58	自動	122.3	67.4
11	サイト	258.7	82.6	35	開始	153.3	84.8	59	使用	121.7	74.0
12	楽天	247.0	60.4	36	イベント	152.7	87.2	60	関係	121.3	84.3
13	世界	241.0	88.6	37	言葉	152.0	85.1	61	意味	121.0	84.7
14	ニュース	230.7	82.6	38	大阪	148.7	80.9	62	お知らせ	120.7	83.8
15	写真	227.0	90.0	39	ネット	147.3	83.8	63	登録	120.3	71.9
16	女性	214.3	83.1	40	追加	147.3	78.0	64	ベストセラー	120.0	28.2
17	人気	207.3	83.8	41	メール	146.3	82.2	65	セット	117.7	79.5
18	動画	207.3	81.0	42	放送	140.7	85.9	66	予約	117.0	82.7
19	東京	194.7	88.8	43	参加	139.0	85.6	67	ダイエット	116.0	61.0
20	募集	187.3	79.2	44	終了	138.0	84.6	68	テレビ	113.3	87.5
21	ライブ	185.7	86.9	45	発売	137.3	87.8	69	勉強	110.7	77.3
22	アカウント	179.3	73.6	46	日	135.0	96.2	70	出演	109.3	83.3
23	限定	175.3	84.2	47	予定	134.7	88.3	71	皆さん	105.0	84.9
24	映画	173.7	85.3	48	お願い	132.0	90.5				

「平均出現頻度」は抽出した3セットによる30,000ツイートあたりの平均出現頻度
「順位」は平均出現頻度による

均出現頻度がそれぞれ279.3と262.0と、300には満たないが、比較的出現頻度の多い語であった。一方、平均出現頻度が300以上であった語のうち、「無料」は受信者率81.7%、「フォロー」は79.5%、「商品」は78.3%と71語のなかでは受信者率が低かった。「無料」「フォロー」「商品」は一部のアカウントがよく使用しているだけといえよう。

平均出現頻度と受信者率の関係をより定量的に表すと、両者の積率相関係数は0.19[2]であった。つまり、平均出現頻度と受信者率とは弱い正の関係にあり、71語のなかには平均出現回数は相対的に多いが受信者率の相対的に低い語やその逆の語も少なからず含まれている。

調査協力者ごとに各語が含まれたツイートの1週間あたりの受信数を計算し[3]、因子分析によって語の分類を行った。分析にあたって、「相互」と「ベストセラー」を含むツイートを1件以上受信していた人はそれぞれ43.2%、28.2%に留まったため、ここでの分析から除外した。

因子分析（反復主因子法）の結果、固有値およびスクリープロットを参照し、固有値1以上であった3因子解を採用した。プロマックス回転後の因子負荷量の絶対値がいずれの因子に対しても0.4に満たなかった「画像」「アニメ」「ニュース」「動画」「ゲーム」は分析から除外した。最終的な結果が表5-2である。

分析の結果、三つの潜在的なツイートの受信パターンが抽出された。第1因子（F1）では「自分」「意味」「人間」「気持ち」「笑」「言葉」などの語の因子負荷量が高かった。これらの語を多く含むツイートは、個人の感想や気持ち、日常的出来事に触れた内容を含んでいたため、「個人的ツイート」受信量と解釈された。これらのツイートにはニュースや商品・サービス、コンテンツに対する感想も含まれるため、多様な内容を含みうる。

第2因子（F2）は「発売」「出演」「開催」「イベント」「ライブ」「予約」「放送」「公開」などの語の因子負荷量が高かった。第1因子「個人的ツイート」もコンテンツに対する感想などが含まれるが、第2因子は特に趣味的情報を含むツイートとの関係している。したがって第2因子は「趣味情報系ツイート」受信量と解釈された。

最後に第3因子（F3）は、「楽天」「無料」「商品」「ダイエット」「登録」「ポイント」「自動」などの語の因子負荷量が高かった。これらの語を含むツイー

❺章 人びとはツイッターで何を見ているのか

表 5-2　分析対象語の含まれたツイートの受信量にもとづく因子分析結果

	F1	F2	F3	u²		F1	F2	F3	u²		F1	F2	F3	u²
自分	.76	.15	.14	.05	発売	.11	.75	.17	.09	楽天	.10	.07	.75	.24
意味	.74	.12	.19	.06	出演	.32	.69	−.02	.13	無料	.07	.29	.67	.10
人間	.72	.03	.28	.08	開催	.04	.67	.32	.09	商品	.02	.32	.66	.13
気持ち	.72	.19	.14	.05	イベント	.24	.67	.14	.08	ダイエット	.32	−.06	.66	.24
笑	.70	.38	−.10	.13	ライブ	.42	.62	−.03	.12	登録	.17	.20	.66	.12
言葉	.70	.12	.23	.06	予約	.18	.62	.23	.13	ポイント	.17	.21	.64	.13
感じ	.67	.30	.09	.05	放送	.34	.60	.08	.13	自動	.33	.05	.62	.15
勉強	.66	.04	.33	.12	公開	.12	.58	.35	.09	方法	.38	.02	.62	.10
一緒	.65	.31	.08	.08	予定	.33	.58	.15	.08	使用	.23	.20	.60	.13
人生	.64	.06	.33	.11	更新	.21	.56	.26	.14	人気	.12	.36	.57	.10
先生	.63	.25	.15	.12	開始	.17	.55	.32	.12	アカウント	.30	.18	.55	.14
関係	.62	.15	.29	.07	お知らせ	.18	.55	.30	.14	プレゼント	.00	.49	.53	.12
仕事	.62	.28	.17	.06	限定	.02	.53	.49	.09	セット	.18	.37	.50	.11
話	.56	.36	.15	.06	終了	.32	.52	.20	.13	会社	.39	.17	.49	.11
最高	.50	.36	.21	.09	日	.45	.51	.09	.09	紹介	.16	.41	.49	.10
希望	.49	.27	.28	.12	情報	.18	.51	.36	.10	ネット	.36	.22	.48	.09
定期	.49	.19	.27	.27	参加	.32	.49	.25	.09	女性	.44	.14	.47	.10
世界	.46	.30	.31	.08	東京	.37	.48	.21	.10	サイト	.21	.39	.46	.10
テレビ	.46	.41	.18	.11	皆さん	.43	.47	.15	.11	募集	.25	.34	.45	.13
メール	.42	.25	.39	.10	写真	.41	.47	.19	.08	フォロー	.40	.18	.42	.19
					お願い	.42	.45	.19	.10					
					追加	.20	.44	.40	.13					
					大阪	.40	.42	.20	.16					
					映画	.40	.41	.23	.13					

__ は.40以上

トは、特にインターネット上のサービスに関わる情報が多い。ここでは第3因子を「ネット情報系ツイート」受信量と名づけた。

　もちろん、個別に詳細に分類していけばより細かいパターンを見出していくこともできるだろうが、こうした大きな分析によってツイッターの見取り図が得られる。つまり、人びとはツイッターで何を見ているのかという問いに対する回答は、他の人の個人的で日常的な内容、イベントなどの広報や趣味的な内容、そしてネットサービスなどのインターネット上の情報に関する内容で大きな部分を占められているということになる。

第四節　何が読まれているのか

　ここまでツイッター利用者が受信しているツイートに含まれている名詞を手がかりに、情報受信手段としてのツイッターを分析した。しかし、これらの分析では頻繁に使われる語が手がかりになってしまう問題点がある。例えば、ニュースを伝えるツイートでは、ニュースの内容ごとに含まれてくる語は変わってくる。だが含まれている語は変わっても、一貫したカテゴリーの情報をツイッターで得ていることになるといえるだろう。

　ツイッターでツイートを受信していたとしても、それらを全て読んでいるとは限らない。ツイッターでは情報過多と呼ばれる状態が生じやすい。受信ツイートを減らすという対処方略もありうるが、受信したツイートのいくらかを読まずに済ますという対処方略もありうる（6章）。

　図5-1に示す13種類の情報について、利用者がツイッターでどの程度読んでいるのかを5段階で評定してもらった。図5-1は「非常によく読む」「かなり読む」「たまに読む」を合わせた相対度数が高い項目から順に示してある。

　図5-1に示されているように、もっとも読まれている情報は「趣味に関する情報」であった。続いて、「友人・知人の日常の情報」「友人・知人がリツイートした情報」が読まれている。このように、ツイッターは趣味に関する情報ネットワークとして機能するとともに、友人・知人という現実の人間関係に根ざした情報がやりとりされるメディアとして機能している。

　その一方で、「社会の事件に関する情報」以下に公共的な情報が続いているように、いわゆるニュースメディアとしての利用は相対的に活発ではない。「社会の事件に関する情報」は「非常によく読む」「かなり読む」「たまに読む」を合わせると51.9％であるが、その次の「国内政治に関する情報」以下は50％に満たない。つまり、半数以上の利用者が公共的な情報に関してはツイッターではあまり読んでいないということになる。とはいえ、もっとも読まれていない「海外に関する情報」でも「非常によく読む」「かなり読む」「たまに読む」を合わせると36.1％である。つまり、多数派とはいえないまでもある一定のボリュームで、ツイッターを公共的なニュースを知るためのメディアとして

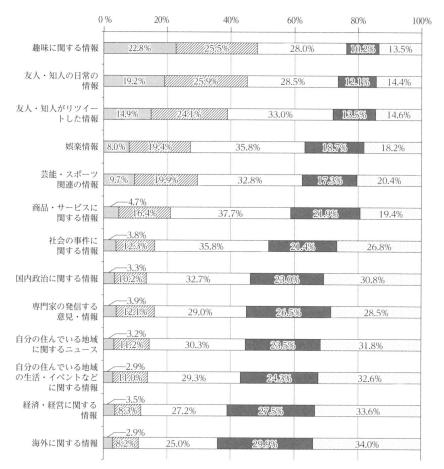

図5-1　ツイートの閲読状況

活用しているといえるだろう。

　これらの13項目の回答データに対して因子分析を行った結果、3因子構造が得られた。第1因子は、「国内政治に関する情報」「経済・経営に関する情報」「社会の事件に関する情報」「海外に関する情報」「自分の住んでいる地域に関するニュース」「専門家の発信する意見・情報」「自分の住んでいる地域の生活・イベントなどに関する情報」といった公共情報に関する7項目が高い正の

因子負荷量をもっていた。よって、第1因子を「公共情報」因子と解釈した（α=.92）。

第2因子は、「娯楽情報」「趣味に関する情報」「芸能・スポーツ関連の情報」「商品・サービスに関する情報」の4項目が高い正の因子負荷量をもっていた。これら4項目はいずれも趣味・娯楽に関する情報である。したがって、第2因子は「趣味・娯楽情報」因子と解釈した（α=.81）。

最後に第3因子は、「友人・知人がリツイートした情報」と「友人・知人の日常の情報」の2項目が高い正の因子負荷量をもっていた。このことから、第3因子は「友人・知人情報」因子と解釈した（α=.93）。

これら回答3因子を手がかりに、ツイート受信内容を検討しよう。三つの内容の因子について因子得点を計算し、それぞれを個人的ツイート受信量、趣味情報系ツイート受信量、ネット情報系ツイート受信量の指標として扱う（ログ3因子）[4]。そして、閲読状況の3因子についても、それぞれに含まれる項目の平均得点を計算して分析に用いる（回答3因子）。

まずは、ログ3因子と回答3因子との相関関係を確認する（表5-3）。

相関係数は、いずれも1％水準で有意であった。つまり、ツイッターでの情報受信に関するログ3因子と回答3因子はどの組み合わせをとっても正の相関関係にある。

回答3因子のそれぞれを従属変数とした重回帰分析によって、ログ3因子との関係をみていく。表5-4は、回答にもとづく公共情報得点を従属変数とした分析である。

すべてのモデルで一貫した結果は、個人的ツイートとネット情報系ツイートがいずれのモデルでも有意な正の係数を示したことである。趣味情報系ツイートは個人的ツイートと同時投入したモデル1でのみ有意な正の係数を示したが、ネット情報系ツイートと同時投入した残るモデルでは係数の有意性が認められなかった。ネット情報系ツイートの標準偏回帰係数は0.24～0.29と安定した推定値が得られたが、個人的ツイートは一貫して有意な正の係数であったものの、ネット情報系ツイートを投入しないモデル1での標準偏回帰係数（0.21）に比べて、同時投入したモデル2、モデル4では係数の値が小さくなった（モデル2：0.09、モデル4：0.10）。

これらの結果から、ログ指標のうち、個人的ツイートとネット情報系ツイー

表5-3 よく読むツイート(回答3因子)と受信するツイート(ログ3因子)の相関関係

		回答1	回答2	回答3	ログ1	ログ2	ログ3
回答1	公共情報	1.00					
回答2	趣味・娯楽情報	0.57	1.00				
回答3	友人・知人情報	0.26	0.33	1.00			
ログ1	個人的ツイート	0.26	0.28	0.28	1.00		
ログ2	趣味情報系ツイート	0.22	0.30	0.14	0.72	1.00	
ログ3	ネット情報系ツイート	0.30	0.21	0.08	0.71	0.71	1.00

N=1,559

表5-4 受信するツイート3因子による公共情報得点に関する重回帰分析

従属変数：公共情報得点	モデル1	モデル2	モデル3	モデル4
	標準偏回帰係数 (β)			
ログ1：個人的ツイート	0.21***	0.09*		0.10*
ログ2：趣味情報系ツイート	0.07*		0.01	−0.03
ログ3：ネット情報系ツイート		0.24***	0.29***	0.25***
人数	1559	1559	1559	1559
F値	56.88	80.49	77.20	53.86
調整済み決定係数	0.07	0.09	0.09	0.09

***p<.001, **p<.01, *p<.05, †*p*<.10

トの中に公共情報が含まれており、特にネット情報系ツイートとして分類した受信内容の中に公共情報が相対的に多く含まれていると推察できる。

続いて、表5-5に回答にもとづく趣味・娯楽情報得点を従属変数とした重回帰分析の結果を示した。

まず、趣味情報系ツイートと趣味・娯楽情報得点とは一貫して有意な正の関係であった。また、個人的ツイートも一貫して有意な正の係数が得られた。一方で、ネット情報系ツイートに関しては、モデル2およびモデル3では係数の有意性が認められなかったが、3因子を同時投入したモデル4では有意な負の係数が得られた。

表5-3で確認したように、ネット情報系ツイートも相関分析においては趣味・娯楽情報得点と有意な「正」の関係が示される。だが、同時にネット情報系ツイートは、個人的ツイート、趣味情報系ツイートのそれぞれと高い正の相関関係にある（いずれも *r*=.71）。その結果として、相関分析では擬似相関関係

表5-5 受信するツイート3因子による趣味・娯楽情報得点に関する重回帰分析

従属変数：趣味・娯楽情報得点	モデル1	モデル2	モデル3	モデル4
	標準偏回帰係数（β）			
ログ1：個人的ツイート	0.14***	0.28***		0.17***
ログ2：趣味情報系ツイート	0.20***		0.31***	0.24***
ログ3：ネット情報系ツイート		0.01	−0.01	−0.08*
人数	1559	1559	1559	1559
F値	87.44	68.76	78.85	60.17
調整済み決定係数	0.10	0.08	0.09	0.10

***$p<.001$, **$p<.01$, *$p<.05$, †$p<.10$

が現れる形で、ネット情報系ツイートと主観的な趣味・娯楽情報得点の間に有意な正の関係が認められたと考えられる。そして、すべてを同時投入したモデル4では個人的ツイートと趣味情報系ツイートのそれぞれの受信量に含まれていたネット情報系ツイート受信量の成分が負の標準偏回帰係数の分だけ引き算される形で取り除かれ、純粋な関係が表れたのだと解釈できる。特に、ネット情報系ツイートを加えなかったモデル1に比べて、モデル4における個人的ツイートと趣味情報系ツイートの標準偏回帰係数はそれぞれ値が大きくなっていることから、この解釈が妥当だといえるだろう。

最後に、回答にもとづく友人・知人情報得点を従属変数とした重回帰分析の結果を検討しよう。これまでと同様の分析モデルによって得られた結果を表5-6に示した。

表5-6に示した重回帰分析において、一貫して正の係数を示したのは個人的ツイートのみである。趣味情報系ツイートは、モデル1においては有意な負の係数、モデル3においては有意な正の係数、モデル4においては有意でない係数というそれぞれ結果が異なった。ネット情報系ツイートに関しては、モデル2、モデル4では有意な負の係数が得られたが、モデル3では係数に有意性は認められなかった。

表5-3で確認したように、趣味情報系ツイートもネット情報系ツイートも相関分析においては主観的な友人・知人情報得点とそれぞれ有意な「正」の関係が示される。だがこれは、趣味情報系ツイートとネット情報系ツイートが個人的ツイートと高い正の相関関係にあることから生じる擬似相関であると考え

⑤章 人びとはツイッターで何を見ているのか 157

表 5-6 受信するツイート 3 因子による友人・知人情報得点に関する重回帰分析

従属変数:友人・知人情報得点	モデル 1	モデル 2	モデル 3	モデル 4
	標準偏回帰係数(β)			
ログ 1:個人的ツイート	0.38***	0.45***		0.47***
ログ 2:趣味情報系ツイート	−0.13***		0.16***	−0.04
ログ 3:ネット情報系ツイート		−0.24***	−0.03	−0.23***
人数	1559	1559	1559	1559
F 値	74.17	93.75	15.71	62.92
調整済み決定係数	0.09	0.11	0.02	0.11

***$p<.001$, **$p<.01$, *$p<.05$, †$p<.10$

られる。個人的ツイートのみによる単回帰分析を行った場合、個人的ツイートの標準偏回帰係数は 0.28 となり、表 5-6 に示したいずれのモデルでの係数よりも低くなる。つまり、趣味情報系ツイートやネット情報系ツイートと同時投入することで、個人的ツイートと友人・知人情報の純粋な関係が析出されたのだと解釈することができるだろう。

第五節　誰が何を受信するのか

さて、三つのツイート内容は、どのような利用者が受信しているのだろうか。言い方を変えれば、どのような利用者がそれぞれのツイート内容を受信しやすい情報環境をツイッター上で構成しているのだろうか。

まず全体としてのツイート受信量が多いほど、それぞれの内容の受信量も一般的に増加すると考えられる。ここで関心があるのは総量としてのツイート受信量ではなく、内容別の受信量の特徴であるため、分析モデルでの基本的な独立変数として直近 1 週間における 1 日あたりのツイート受信数を加える。また基本的な社会的属性変数として、性別(女性ダミー)と年齢層(20〜24 歳、25〜29 歳、30〜34 歳、35〜39 歳の 4 層、比較カテゴリーを 20〜24 歳としたダミー変数)を基本的な独立変数とした。その上で、モデルに追加する独立変数としてネットワーク変数およびツイッター利用動機を用いた。ネットワーク変数は第 2 章でも用いた、相互フォロー数と一方的フォロー数である。ツイッター利用動機はオンラ

イン人気獲得動機、娯楽動機、既存社交動機、情報獲得動機の4変数である。まとめると、本節では次の三つのRQを検討する。

(1) RQ1:「性別・年齢層によって受信するツイート内容は異なるか」
(2) RQ2:「フォローネットワークの構成によって受信するツイート内容は異なるか」
(3) RQ3:「ツイッター利用動機によって受信するツイート内容は異なるか」

1 個人的ツイート

まず、個人的ツイートの受信量に関する分析結果を表5-7に示した。分析は、基本的な独立変数のみで構成するモデル1、モデル1にネットワーク変数を加えたモデル2、モデル1にツイッター利用動機を加えたモデル3、すべての独立変数を用いたモデル4に分けて行った。

基本的な独立変数の効果に関しては、モデル1～モデル4まで一貫して、1日あたりのツイート受信数に強い正の係数が認められた。個人的ツイートの受信量に関するRQ1の検討結果は次のようなものとなった。性別に関しては、モデル1では10%水準で、ネットワーク変数を独立変数に加えたモデル2では5%水準で、有意に女性のほうが個人的ツイートの受信量が多いという結果であった。しかし、ツイッター利用動機を独立変数に加えたモデル3およびモデル4ではその効果は消失した。つまり、個人的ツイートの受信量の性別による差異は、ツイッター利用動機の差異によって説明がつくものであったと解釈することができる。

一方、年齢層の効果に関しては、いずれのモデルでも5%水準で有意な係数が認められた。いずれのモデルにおいても、比較カテゴリーである20～24歳層に比べて、25歳以上の年齢層のほうが個人的ツイートの受信量が有意に少ないという結果であった。逆に言えば、20～24歳層は相対的にみて、個人的ツイートを多く受信する傾向にあるということができるだろう。

次に、個人的ツイートの受信量に関するRQ2の検討結果として、表5-7の相互フォロー数および一方的フォロー数の係数に着目しよう。これらのネットワーク変数を独立変数としたのはモデル2およびモデル4であるが、どちら

❺章 人びとはツイッターで何を見ているのか　159

表5-7　個人的ツイート受信量に関する重回帰分析

従属変数：個人的ツイート		モデル1	モデル2	モデル3	モデル4
		標準偏回帰係数（β）			
ツイート受信数／1日（対数）		0.87***	0.71***	0.85***	0.70***
性別（女性ダミー）		0.02†	0.03*	0.01	0.02
年齢層	25-29歳	−0.05***	−0.03*	−0.04**	−0.03*
（比較：20-24歳）	30-34歳	−0.05**	−0.03*	−0.04*	−0.03*
	35-39歳	−0.06***	−0.05**	−0.05***	−0.04**
相互フォロー数（対数）			0.23***		0.24***
一方的フォロー数（対数）			−0.04*		−0.05**
オンライン人気獲得				−0.02	−0.02
娯楽				0.06**	0.06**
既存社交				0.03	−0.02
情報獲得				0.01	0.04**
人数		1559	1559	1559	1559
F値		1051.42	824.67	598.31	536.07
調整済み決定係数		0.77	0.79	0.78	0.79

***p<.001, **p<.01, *p<.05, †*p*<.10

のモデルにおいても一貫して、相互フォロー数の係数は有意な正の係数であったのに対し、一方的フォロー数の係数は有意な負の係数であった。つまり、相互フォロー数が増えるほど、より多くの個人的ツイートを受信する傾向にある一方で、一方的フォロー数が増えるほど、個人的ツイートの受信量は減る傾向にある。つまり、一般的なSNSのような双方向性のあるネットワークのなかで個人的ツイートは流れることが多く、RSS購読のような一方向的なネットワークのなかでは、相対的に個人的ツイートは流れていないと考えられよう。

　そして、個人的ツイートの受信量に関するRQ3の検討結果は、**表5-7**のモデル3およびモデル4に表されている。まず、オンライン人気獲得動機と既存社交動機に関してはどちらのモデルでも有意な係数ではなかった。つまり、オンライン人気獲得動機と既存社交動機の高低によって、個人的ツイートの受信量はあまり左右されないと考えられる。

　一方、娯楽動機はどちらのモデルでも有意な正の係数が認められた。つまり、1日あたりのツイート受信数や性別・年齢層、そしてフォローネットワークの構成の効果を除いてもなお、娯楽動機が高いほど、個人的ツイートの受信量は多い傾向にあると言えよう。この結果をふまえると、個人発信によるツイート

が娯楽としてのツイッター利用を支えている一つの要因であると推察される。

最後に、情報獲得動機に関しては、モデル3とモデル4で異なる結果が得られた。表5-7に示されるように、ネットワーク変数を加えないモデル3では情報獲得動機の係数は有意ではないが、ネットワーク変数を加えたモデル4では情報獲得動機の係数は有意な正の係数となった。したがって、個人的ツイートの受信量と情報獲得動機の関係については、ネットワーク変数との関係をふまえて解釈する必要がある。情報獲得動機が高いほどフォローアカウントの中に相互フォローが少なく、一方的フォローが多いという関係がある（2章）。表5-7のモデル2にみるように、相互フォロー数は正、一方的フォロー数は負の関係をそれぞれ個人的ツイート受信量との間に有している。つまり、情報獲得動機と個人的ツイート受信量との関係には、相互フォロー数と一方的フォロー数を媒介とする負の関係が含まれており（モデル3）、相互フォロー数と一方的フォロー数が独立変数として投入されることでその関係の影響が取り除かれたモデル4では、情報獲得動機に有意な正の係数が生じたと考えられる。したがって、情報獲得動機が強いほどフォローネットワークに一方的フォローを多く含むが、個人的ツイートが多く流れてくるフォローネットワークを形成する傾向があると考えられる。

では、なぜ情報獲得動機が強いほど、個人的ツイートが多く流れてくるフォローネットワークを形成する傾向があるのだろうか。個人によるツイートにはニュースについての自分の感想を書いたツイートや商品・サービス、コンテンツについての自分の感想を書いたツイートなどが少なからず含まれる（3章）。「～なう」という言葉が一時、流行したように個人の現況が書かれたツイートも含まれるが、自分の感想を述べるなかに情報が埋め込まれたツイートも発信されている。こうした情報源としてのツイッター個人利用者からのツイートを受け取ることで、情報獲得動機が充足される側面もあると考えられるだろう。

2　趣味情報系ツイート

次に、趣味情報系ツイートの受信量から三つのRQについて検討するための分析結果を表5-8に示した。分析モデルは個人的ツイートの受信量に関する分析モデルと同様である。

表 5-8　趣味情報系ツイート受信量に関する重回帰分析

従属変数：趣味情報系ツイート		モデル1	モデル2	モデル3	モデル4
		標準偏回帰係数（β）			
ツイート受信数／1日（対数）		0.82***	0.48***	0.82***	0.47***
性別（女性ダミー）		0.02	0.02	0.02	0.02
年齢層	25-29歳	0.09***	0.07***	0.08***	0.07***
（比較：20-24歳）	30-34歳	0.11***	0.08***	0.10***	0.07***
	35-39歳	0.09***	0.06**	0.07***	0.05**
相互フォロー数（対数）			0.09**		0.12***
一方的フォロー数（対数）			0.33***		0.32***
オンライン人気獲得				−0.03	−0.04*
娯楽				0.01	0.02
既存社交				−0.05**	−0.05**
情報獲得				0.06**	0.04*
人数		1559	1559	1559	1559
F値		605.49	521.96	342.13	336.18
調整済み決定係数		0.66	0.70	0.66	0.70

***$p<.001$, **$p<.01$, *$p<.05$, †$p<.10$

　まず、1日あたりのツイート受信数が一貫して、正の係数をもった点は個人的ツイート受信量の分析結果と同様で、当然の結果であったといえる。

　RQ1の検討結果であるが、性別に関してはいずれのモデルにおいても、その係数は統計的に有意なものではなかった。つまりこの分析結果からは、ツイッターにおける趣味情報系ツイートの受信量に関して、性別による差はみられない。一方で、年齢層の係数に関しては、個人的ツイート受信量の分析結果とは反対の結果が得られた。つまり、20〜24歳層に比べて、25歳以上の年齢層で有意に趣味情報系ツイートを多く受信している。

　次に、趣味情報系ツイート受信量に関するRQ2の検討結果である。このRQに対応するモデル2およびモデル4に着目すると、いずれのモデルでも相互フォロー数および一方的フォロー数には有意な正の係数が認められた。つまり、相互フォロー数が増えるほど、そして一方的フォロー数が増えるほど、趣味情報系ツイートをより多く受信することになると考えられる。

　しかしながら、モデル4において相互フォロー数の標準偏回帰係数が0.12であったのに対し、一方的フォロー数の標準偏回帰係数は0.32であり、同じ有意な正の係数であってもその値の大きさが異なっている。この点はモデル2でも

同様である。そこで、それぞれの係数の大きさを比較するために、モデル4における相互フォロー数と一方的フォロー数の標準偏回帰係数の大きさを、95％信頼区間を含めて検討してみる。

近似的な方法（南風原, 2014, p.91）を用いて相互フォロー数と一方的フォロー数の標準偏回帰係数の95％信頼区間を求めると、相互フォロー数の標準偏回帰係数の95％信頼区間の上限は0.170であった。そして一方的フォロー数の標準偏回帰係数の95％信頼区間の下限は0.277であった。つまり、95％信頼区間に着眼すると、相互フォロー数の標準偏回帰係数の上限よりも一方的フォロー数の標準偏回帰係数の下限のほうが大きい。このことから、表5-8のモデル4において相互フォロー数の標準偏回帰係数に比べて有意に一方的フォロー数の標準偏回帰係数が大きいと判断することができる。つまり、趣味情報系ツイートの受信量に関して、相互フォロー数よりも一方的フォロー数のほうが統計的に有意に強い関係をもっていたといえる。

一方的フォローとは相手のツイートを自分は読むが、自分のツイートを相手が読むわけではないという関係である。つまり、基本的には一方的にツイート、つまり情報を受け取る関係である。趣味情報系ツイートに含まれやすい語には「お知らせ」「情報」などが含まれており、情報として受信されるものというパターンがこの分析結果に表れている。

そして最後にRQ3のツイッター利用動機の検討に入る。着眼するのは表5-8のモデル3およびモデル4である。この二つの結果を比較すると、娯楽動機の係数は有意ではない。つまり、娯楽動機の高低は趣味情報系ツイートの受信量と関係がみられない。そして、既存社交動機は有意な負の係数、情報獲得動機は有意な正の係数が認められた。つまり、既存社交動機が高いほど趣味情報系ツイートをあまり受信しなくなる一方で、情報獲得動機が高いほど趣味情報系ツイートを多く受信する。ツイッターにおいて最も多く読まれているのが「趣味に関する情報」であり（図5-1）、「趣味に関するニュースや事実を伝えるツイート」は投稿頻度が相対的に高い（3章）。ツイッターでの「情報獲得」には趣味に関する情報の獲得という側面がかなりの程度含まれているといえるだろう。

オンライン人気獲得動機に関しては、モデル3では有意ではないがモデル4では有意な負の係数であった。これは個人的ツイート受信量の分析における情

報獲得動機の解釈と同様に、ネットワーク変数との関係を考慮に入れて解釈する必要がある。オンライン人気獲得動機が高いほど、相互フォロー、一方的フォローの両方を含めたフォロー数が多い傾向にある（2章）。そして、相互フォロー数と一方的フォロー数はそれぞれ趣味情報系ツイートの受信量と有意な正の関係にある。したがって、オンライン人気獲得動機と趣味情報系ツイート受信量の関係には、相互フォロー数と一方的フォロー数を媒介にした正の関係が含まれていると考えられる。モデル3ではその関係が含まれた結果であるが、モデル4では相互フォロー数と一方的フォロー数のそれぞれが独立変数として投入されているために、それらの影響が取り除かれており、その結果として有意な負の係数がモデル4の場合のみ認められたと考えられる。つまり、オンライン人気獲得動機が高い利用者ほどフォロー数が大きくなるが、フォローするアカウントのツイート内容には「発売」「出演」「開催」「イベント」「ライブ」「予約」「放送」「公開」などの語が含まれにくい。

3　ネット情報系ツイート

　ネット情報系ツイート受信量の観点からRQ１〜RQ３を検討するための分析結果を表5-9に示した。分析モデルはこれまでと同様のものである。
　1日あたりのツイート受信数がすべてのモデルにおいて有意な正の係数を示した点はこれまでと同様であり、当然の結果である。
　RQ１に関して、まず性別に着眼する。モデル1からモデル4まで一貫して、性別に有意な負の係数が認められている。女性より男性のほうがネット情報系ツイートを多く受信する傾向にあるといえる。これまでの分析を踏まえると、ツイート受信内容に関する明確な性差が認められるのはネット情報系ツイートのみであるということになる。
　年齢層については、個人的ツイート、趣味情報系ツイートの受信量の分析結果とは異なる様相を呈している。つまり、これまでは20〜24歳層と25歳以上の年齢層の違いとして結果が表れていたが、ネット情報系ツイートの受信量の差異は、20代と30代の違いとして表れている。具体的には、20代に比べて30代のほうがネット情報系ツイートを相対的に多く受信する傾向にあるといえる。
　RQ２に関してネットワーク変数をみると、モデル2、モデル4の双方にお

表5-9　ネット情報系ツイート受信量に関する重回帰分析

従属変数：ネット情報系ツイート		モデル1	モデル2	モデル3	モデル4
		標準偏回帰係数（β）			
ツイート受信数／1日（対数）		0.76***	0.37***	0.76***	0.34***
性別（女性ダミー）		−0.08***	−0.08***	−0.07***	−0.06***
年齢層	25–29歳	0.01	0.02	0.00	0.01
（比較：20–24歳）	30–34歳	0.09***	0.10***	0.08***	0.08***
	35–39歳	0.09***	0.10***	0.08***	0.08***
相互フォロー数（対数）			0.36***		0.41***
一方的フォロー数（対数）			0.12***		0.10***
オンライン人気獲得				0.10***	0.09***
娯楽				−0.06*	−0.05*
既存社交				−0.09***	−0.15***
情報獲得				0.03	0.06**
人数		1559	1559	1559	1559
F値		464.07	391.43	266.16	265.81
調整済み決定係数		0.60	0.64	0.61	0.65

***$p<.001$, **$p<.01$, *$p<.05$, †$p<.10$

いて、相互フォロー数、一方的フォロー数のそれぞれに有意な正の係数が認められた。この点についても、趣味情報系ツイートの分析と同様に95％信頼区間を含める形で、相互フォロー数と一方的フォロー数の標準偏回帰係数の比較を行ってみよう。

　その結果、一方的フォロー数の標準偏回帰係数の上限（0.17）に比べて相互フォロー数の標準偏回帰係数の下限（0.30）のほうが大きな値であった。つまり、**表5-9のモデル4において一方的フォロー数の標準偏回帰係数に比べて、相互フォロー数の標準偏回帰係数のほうが有意に大きい**。したがって、ネット情報系ツイートの受信量との関係でいえば、一方的フォロー数よりも相互フォロー数のほうが統計的に有意に強い関係をもっていたといえる。

　この結果の解釈は難しい。ネット情報系ツイートに関しても情報として受信されるものという側面が少なくないと考えられるが、実際には一方的フォロー数よりも相互フォロー数のほうがネット情報系ツイートの受信量と強い関係を有していた。ネット情報系ツイートの受信量は回答にもとづく公共情報得点と正の関係にあったことを踏まえれば、そうした公共的な情報や意見の交換のために相互フォロー関係を取り結んでいるという解釈もありうるが、同様のこと

は趣味的な情報交換の場合にも起こりうるはずである。

　ありうる解釈は戦略的な相互フォロー関係の形成の結果として生じているというものである。ツイッター利用者のなかには相互フォローをしてくれる相手[5]を求めて多数のアカウントをフォローする戦略を取るものがいることが知られている（Anger & Kittl, 2011）。日本語で「相互フォロー」という言葉を含むアカウントを検索すると、「相互フォロー支援アカウント」「相互フォロー支援＠リフォロー100％」「ツイッター相互フォロー」「相互フォロー　フォローミー」といったアカウントが多数存在していることが分かる。これらのアカウントには「ボット」が多く含まれており、相互フォローを求める利用者を集めた上で、ネット情報系ツイートを多く発信するアカウントも少なくない[6]。こうした形で相互フォロー関係を形成していくことで、相互フォロー数が大きくなった利用者において、ネット情報系ツイート受信量が増大する可能性が考えられる。

　ネット情報系ツイート受信量に関する RQ3 の検討に移る。ツイッター利用動機に関して、オンライン人気獲得動機には有意な正の係数が、娯楽動機と既存社交動機には有意な負の係数がそれぞれ認められた。つまり、オンライン人気獲得動機が高いほどネット情報系ツイートを多く受信する情報環境をツイッター上で形成する一方で、娯楽動機が高いほど、また既存社交動機が高いほど、ネット情報系ツイートをあまり受信しない情報環境をツイッター上に形成する。

　情報獲得動機に関しては、ネットワーク変数を投入したモデル4でのみ有意な正の係数が認められた。標準偏回帰係数を比べると、ネット情報系ツイートの受信量に対して、相互フォロー数の影響力が一方的フォロー数の影響力に比べて大きい。情報獲得動機が高いほど相互フォロー数を相対的に減らす傾向があるため（2章）、情報獲得動機とネット情報系ツイート受信量の関係には、相互フォロー数を媒介とした負の関係が含まれている。したがって、相互フォロー数を独立変数に投入したモデル4ではその負の関係が統制されることで、情報獲得動機とネット情報系ツイート受信量の正の関係が析出されたのだと考えられる。

第六節　マスメディア接触とツイッターでの情報受信

　プライアー (Prior, 2005) の「高選択メディア環境」という概念は、ケーブルテレビやインターネットに比べて、相対的に選択性の低い伝統的なマスメディアが存在していたことに対応して構成された概念である。では、ツイッター利用行動は伝統的なマスメディア接触とどのような関係にあるだろうか。本節では、前節での分析内容に、マスメディア接触量を独立変数に加えることでその疑問に答えていく。
　ここで取り上げるマスメディアはテレビ、新聞、雑誌の3点である。日本においてテレビは主に地上波が利用されており、有料放送の利用はさほど活発ではない (橋元, 2011)。テレビ、新聞は「低選択メディア環境」に分類される。それに対して、雑誌はショーら (Shaw et al., 2006) の言う「水平的メディア」であり、伝統的なマスメディアの一種でありつつも、高選択メディア環境を構成するメディアの一つだと考えられる。
　テレビ、新聞、雑誌の接触量について、調査ではそれぞれ平日の一日平均でのおおよその時間を「ほとんどない」「30分未満」「30分以上1時間未満」「1時間以上2時間未満」「2時間以上3時間未満」「3時間以上4時間未満」「4時間以上5時間未満」「5時間以上6時間未満」「6時間以上」の9段階で回答を求めた。新聞と雑誌に関して「2時間以上」に該当する回答はほとんどみられなかったため、3変数とも「1時間以上」としてまとめて4段階の変数として分析に利用した。こうした三つの変数を第五節のモデル4（表5-7〜表5-9）に独立変数として追加して分析を行った結果が、**表5-10**である。
　テレビ接触量に関しては、趣味情報系ツイート受信量に対して5％水準で有意な正の係数が得られた。つまり、テレビ接触量が多いほど、趣味情報系ツイート受信量が多いということである。一方、新聞接触量に関しては、趣味情報系ツイート受信量に対して1％水準で有意な負の係数、ネット情報系ツイート受信量に対して1％水準で有意な正の係数が得られた。つまり、新聞接触量が多いほど、趣味情報系ツイート受信量が少なく、ネット情報系ツイート受信量が多いということである。そして、雑誌接触量に関してはいずれのツイート

表5-10 受信するツイート（ログ3因子）とマスメディア接触量との関係

従属変数：	個人的	趣味情報系	ネット情報系
テレビ	−0.02	0.04*	0.00
新聞	0.00	−0.05**	0.06**
雑誌	−0.02	0.02	0.01

***$p<.001$, **$p<.01$, *$p<.05$, †$p<.10$
数字は標準偏回帰係数（β）

受信量とも有意な関係は認められなかった。

　まず、テレビ接触量と新聞接触量に趣味情報系ツイート受信量とそれぞれ正と負の関係がみられた点について考えてみよう。第四節の分析のとおり、趣味情報系ツイート受信量は趣味や娯楽に関する情報への接触をもたらすものである。つまりプライアー（Prior, 2005）がニュースと対比させた娯楽（entertainment）と関わる内容である。小林と稲増（Kobayashi & Inamasu, 2015）は相対的な娯楽系コンテンツの選好度合い（REP）の計算に際して、新聞、NHK、ワイドショー、バラエティの接触量の和を分母とし、ワイドショー、バラエティの接触量を分子としている。この計算にも現れているように、新聞はハードニュースを報じるメディアとして考えてよく、新聞に接触する量が多い人ほど相対的な娯楽選好度合いは低くなる。また、小林と稲増がNHKを主に公共的・国際的問題に関するハードニュースを扱う公共放送機関（Krauss, 2000）であると仮定したことは、相対的にみて民間放送局には娯楽情報が多分に含まれていることを含意している。そして、テレビ放送は娯楽のためのメディアとして重要であると認識されている率が高い（橋元, 2011；東京大学大学院情報学環, 2006）。これらのことを踏まえれば、趣味情報系ツイート受信量とテレビ接触量は正の関係にあり、新聞接触量が負の関係にあることは、プライアー（Prior 2005）のロジックとも整合的なものとして理解することができるだろう。

　そして、ネット情報系ツイート受信量は第四節の分析のとおり、政治・経済関連の情報を含む公共的な情報への接触と関わっている。したがって、前述のとおり、相対的な娯楽選好度合いの低さと関わる新聞接触量がネット情報系ツイート受信量と正の関係にあったことは、高選択性メディア環境としてのツイッターの機能を明確に支持する結果であったといえるだろう。

第七節　まとめ

インターネットを情報環境として位置づけたとき、その特徴は、カスタマイズ可能性の高さにあり、テレビや新聞のようなマスメディアと対比すれば、高選択性メディア環境といえる（Prior, 2005）。インターネット上で提供されるサービスにはポータルサイトのように、高選択性メディア環境としては機能しないものもある（Kobayashi & Inamasu, 2015）。だがツイッターは意見レベルでの選択的接触を可能にすることが知られており（Conover et al., 2011）、高選択性メディア環境として機能している（Lee & Oh, 2013）。

ツイート受信内容のログ分析によって、個人的ツイート受信量、趣味情報系ツイート受信量、ネット情報系ツイート受信量の三つが析出された。そして、閲読状況の回答との対応から、それぞれのツイート受信量がどのような情報と関連しているのかを検討した。その概要をまとめると、以下のようになる。

（1）　個人的ツイートには、ニュースなどに対する個人的感想のツイートも含まれていると考えられ（3章参照）、分析の結果、公共情報、趣味・娯楽情報、友人・知人情報のすべての情報入手と関わっていた。

（2）　趣味情報系ツイートは、趣味・娯楽情報の入手と関わっていた。

（3）　ネット情報系ツイートは、公共情報の入手と関わっていた。

続く分析では、ツイッターを通じた情報受信は、利用者のツイッター利用動機やマスメディア接触量と関係していた。つまり、利用者がツイッターに対してもとめているものや、他のメディアの利用量に対応するように、ツイッターを通じた情報受信の内容に差異が生じているといえる。これはツイッター利用動機に応じてツイッター上でのネットワーク構成がなされているという2章の知見とも一貫しており、ツイッターがプライアー（Prior, 2005）のいう高選択性メディア環境として機能していることを示唆するものであるといえるだろう。主な結果は、以下のようにまとめられる。

（1）　オンライン人気獲得動機が強いほど、趣味情報系ツイートの受信量が少なく、ネット情報系ツイートの受信量が多い。

（2）　娯楽動機が強いほど、個人的ツイートの受信量が多く、ネット情報

系ツイートの受信量が少ない。
（3） 既存社交動機が強いほど、趣味情報系ツイートとネット情報系ツイートの受信量が少ない。
（4） 情報獲得動機が強いほど、個人的ツイート、趣味情報系ツイート、ネット情報系ツイートすべての受信量が多い。
（5） テレビ接触量の多い人ほど、趣味情報系ツイート受信量が多い。
（6） 新聞接触量の多い人ほど、趣味情報系ツイート受信量が少なく、ネット情報系ツイート受信量が多い。

　特徴的な結果を示したのは、既存社交動機であった。既存社交動機が強いほど個人的ツイート受信量が多いという関係が確認されてもよさそうなものだが、実際には個人的ツイート受信量とは統計的に有意な関係をもたなかった。しかし、その他の趣味情報系ツイートとネット情報系ツイートの受信量とは負の関係にあるために、相対的には既存社交動機が強い人のホームタイムラインには「個人的ツイート」が多く出現することになると考えられる。

　こうした既存社交動機と内容別にみたツイート受信量との関係から想起されるのは、総量としてのツイート受信量という問題である。ツイッターではフォローしているアカウントのツイートが一次元的な形でホームタイムラインに表示される。多くのアカウントをフォローすれば、必然的にホームタイムラインには多くのツイートが流れこんでくることになる。オンラインネットワークの活用が「情報爆発」を引き起こすことはしばしば指摘されてきたが、ツイッターにおいても同様の問題が生じうる。

　フェイスブックなどでは機械的なアルゴリズムによって表示される情報量がコントロールされていると言われるが、ツイッターにはそうした仕組みが導入されていない。したがって、ツイッター上で生じる「情報過多」に対して各利用者が個人的に対処せざるをえない。次章では、こうしたツイッター上での「情報過多」に対する利用者の対応について検討していく。

注
1） TwitterAPI の制限で一つのアカウントから取得できるツイート数は約3200ツイートに制限されており、すべてのツイートデータを使った場合は分析対象期間が一定にならないことから、調査時点から1週間前までのツイートに限定して分析を行った。
2） Pearson の積率相関係数。Spearman の順位相関係数も0.1895と、ほぼ変わらない値であった。

3） 因子分析にあたって、各語が含まれたツイートの1週間あたりの受信数に1を加えて自然対数変換を行った。
4） 因子得点は平均0、標準偏差1になるように算出される。
5） フォローしてきた相手をフォローすることは「フォロー返し」などと呼ばれる。
6） 例えば、次のようなアカウントがある。https://twitter.com/japan_sougo

6章 「つぶやき」とネットワークがもたらす情報過多

　3章ではツイート内容別に、また4章では公式リツイート内容別にどのような目的や意図をもってそれらが投稿されているかを記述した。そしてそれら発信の裏返しとして、利用者がどのような内容を受信しているかを、ネットワークのサイズや利用動機との関係から分析したのが5章であった。

　これらを通じてツイッターでの受発信の実態が明らかになってきた。しかし一連の分析から抜け落ちている視点が存在する。それが受信側の置かれるであろう状況、情報過多である。ウェブ2.0サービス（O'reilly, 2005）の普及を契機に、大企業のデータベースに蓄積されるデジタルデータは2010年の1.2ゼタバイトから2015年には8.6ゼタバイトまで増加し、その6割は消費者によって生成される（Smith, 2014）。マクロ的に見れば、ソーシャルメディアで情報過多が進行していると考えることは自然である。

　ではミクロ的に見た場合はどうだろうか。ツイッターでのフォロー数が少なければ、受信ツイートをすべて見ることも可能だろう。だが、フォロー数と受信ツイート数が増えれば、そうもいかなくなる。人によっては閲覧頻度を上げたり、頻度は上げずに大量の受信ツイートすべてを斜め読みするようになるだろう。しかし一部のツイートしか目にしなくなる利用者が出てくることは十分に考えられる。つまり「受信」されることと、実際のところ利用者にどの程度ツイートが見られ、読まれているかという、「処理」の問題は別である。

　このような問題意識のもと、本章では大きく二つのパートに分けて論を展開する。前半では第1調査データを用い、ツイッター利用者の情報過多がどのような要因で起きているかを分析する。想定した主要因は、ネットワークのサイズと密度である。後半では第1調査と第2調査の両方を回答した利用者のパネルデータを用いて、情報過多感を持つ利用者がどのようにツイート処理方法を変更しているのか、また利用動機によって変更後のツイート処理方法に差異があるかを明らかにする。

第一節　情報過多をめぐって

1　情報過多概念と二つのアプローチ

「情報過多」（Information Overload）という語はグロス（Gross, 1964）が初めて用いたとされ、トフラー（Toffler, 1970　徳山訳, 1970）の『未来の衝撃』以来しだいに人びとが口にするようになった。この語を私たちが日常的に用いるとき、それは「たくさんの情報を受け取っている状態」というような意味で使われる。しかしこの問題を扱ってきた経営学では、情報過多は意思決定との関係で定義される（Eppler & Mengis, 2004）。つまり意思決定の質（正確さ）は情報量が増えていくとそれに応じて増すが、情報量がある点を超えると低下していくとされる。なぜなら人は得る情報量が多くなり過ぎると、それらを解釈して意思決定に必要な文脈に統合化できなくなるからである。

情報量に注目するこのアプローチでは、時間が鍵概念になる。つまり十分な量の情報を集めても時間内にそれらに適正な解釈を与えられなければ、それは情報過多の状態とされる。このアプローチに対しては、情報量だけではなくその「質」や「使いやすさ」も考慮すべきという批判もあるが、たとえそれらが考慮されたとしても、最終的に問題にされるのは処理時間である。よって研究方法としては、ある実験環境下に人を置き、作業をさせ、一定時間内の情報処理に関するデータを集め、被験者が情報処理を適正に行えたかが計測されることとなる。この立場は情報過多への「古典的」アプローチと呼ばれる（Eppler & Mengis, 2004）。

これとは異なるアプローチで情報過多を計測しようとする一派がある。1980年代以降に主流となってきた情報量や時間よりも当事者の主観的経験を重視する立場である（O'Reilly, 1980; Haksever & Fisher, 1996）。彼らにとって重要な要素は、個人の感じるストレス、困惑、圧迫、不安、あるいはやる気の低下といった感情である。つまり時間内に適正な情報処理がたとえなされていたとしても、当事者がストレスなどを感じていたとすれば、その人は情報過多の状態にあるとされる。このアプローチでの研究方法は、主にインタビューやアン

ケート調査が採用される。本章でもこの主観的アプローチを採用し、アンケート調査によって情報過多を計測した。この点を強調する時は「情報過多感」という用語を使うことにする。

2 インターネット／ソーシャルメディアと情報過多

「情報流通インデックス」（総務省，2011）によれば，2010年度のメディア別流通情報量の99.5％は放送が占め，インターネットは0.8％でしかない。これはテレビにおいて高解像度の動画データが流通するからである。一方，消費情報量では，放送は73.3％，インターネットは11.8％となる[1]。2002年度を100とした場合の情報量推移を見ると，他メディアでの増減が小さい中で，インターネットは7163と流通量で70倍以上，消費量は2.5倍の250前後となっている。個人における全体消費量が変わらないなかで，インターネットでの情報消費量が2倍以上になっていることはメディア間での相対的地位の上昇を示している。と同時に，そこでの流通と消費は最も不均衡になってきているとも言える。この点と，ソーシャルメディア利用率の高まり（総務省，2014）、また SNS の定義が「プラットフォーム」となり（Ellison & Boyd, 2013），外部サービスのコンテンツがそこに流れ込むようになったこと，そしてそれがストリームと呼ばれプッシュされてくる状況も踏まえると，ソーシャルメディアにおいても情報過多が発生していることは十分に考えられる。

ジョンソンとヤン（Johnson & Yang, 2009）はツイッターの2大利用動機である「オフライン関係に基づく社交」と「情報獲得」のうち，後者がツイッターの継続利用に正の効果を持つことを示している。ツイッターの活発な利用をやめる利用者が，サービス利用初期において他者との交流に期待していたことを示した研究もある（Coursaris et al., 2013）。これらから他者との交流に適さなかったという理由で，ツイッターの利用を中止する一群の利用者がいること，反対に「情報獲得」に満足すれば継続利用することが示唆される。

けれども利用者が情報過多状態となれば，ツイッターの利用を断念することは想像に難くない。実際，ツイッターでも情報過多は意識され，リスト機能によって利用者は全受信ツイートの一部だけを分けて受信できる（Stone, 2009）。またフェイスブックのニュースフィードでは，デフォルト設定でコンテンツ推

奨アルゴリズムが導入され、そこに表示されるコンテンツ量は機械的に削減されている (Taylor, 2011)。さらにインターネット接続デバイスとしてスマートフォンが普及することで、利用者がその時にいる場所や置かれている状況も考慮したコンテンツ推奨技術の開発も進んでいる (Loeb & Panagos, 2011; Grineva & Grinev, 2012)。つまりソーシャルメディアのサービス提供者の間では、利用者における情報過多は現実的問題となっている。筆者らの第1調査でも、毎日ツイッターを利用する者 (N = 1277) のうち、27.1％が「ほとんど毎日」情報過多を感じているという結果が得られている (Sasaki et al., 2015)。

3　情報過多感とネットワークのサイズ／密度

　ここからはツイッターでの情報過多感をもたらす要因を考えていこう。まず想起されるのは、情報過多への「古典的」アプローチで重視される情報量である。ツイッターの場合、受信ツイート数とそれらのツイートを投稿するフォローの数が相当する。第1調査では、受信ツイート数とフォロー数の相関係数は0.975 (p=.000) と1に近かった (北村, 2014)。ホダスら (Hodas et al., 2013) によれば、ツイッター利用者は最適な情報量を維持するために受信ツイート数を頻繁に調整しているとされ、クワックら (Kwak et al., 2011) では、短時間に多数のツイートを投稿する者を利用者がフォローから頻繁に外しているとの知見も報告されている。

　ついで着目するのは情報の持つ文脈的要素である。ここでの文脈は、「誰から」「どのようなネットワークから」情報が届いているかである。たとえば「良く合う既知の友人から」なのか「会ったことのない人から」なのか「ニュースサイトから」なのかという要素である。情報過多を主観的経験によって計測する立場に立てば、この要素が情報過多感に影響しよう。

　理論的には、コールマン (Coleman, 1987) が示した、メンバーが互いを知る割合の高い高密度のネットワークにおいては規範が生まれやすいという考え方と、ボット (Bott, 1955) の示した、高密度なネットワークではメンバーは互いに規範に従うように圧力をかけるという考え方が援用できる。それらを演繹すれば、ボット自身が導いたように (Bott, 1971)、高密度なネットワークではメンバーは互いに協力すべきという規範にさらされ、接触を保ち続けると考えら

れる。つまり高密度ネットワークを持つツイッター利用者は、そこから届くツイートを読むことを余儀なくされ、強い情報過多を感じることが推測される。なおネットワーク密度は、2章第2節で記したクラスタリング係数（Watts & Strogatz, 1998）によって計測できる。

以上より次の二つのリサーチ・クエスチョンが導かれる。

（1） RQ1：受信ツイート数とフォロー数のどちらが利用者の情報過多感に強く影響するか？

（2） RQ2：利用者のネットワーク密度が高ければ、情報過多感は増すか？

また四つの利用動機が情報過多感へ及ぼす影響も分析の視点に加えた。これは2章で見たとおり、四つの利用動機によって利用者のネットワークの作り方に差があったことを踏まえ、利用動機がネットワークのサイズや密度に見られた差とは関係なく情報過多感に影響するのかを知るためである。よって以下のリサーチ・クエスチョンも検討する。

（3） RQ3：四つの利用動機は利用者の情報過多感にどのように影響するのか？

第二節　情報過多感とネットワークのサイズ／密度の関係

1　情報過多感の測定

分析には重回帰分析を用いた。従属変数である利用者の情報過多感は図6-1にある4項目によって測定した。「ツイートや情報の量が多すぎて圧倒される」と「無意味なツイートや情報が多い」は、情報量とノイズの量を尋ねるもので、「必要な情報を見つけるのに苦労する」は特定の者から届くツイートを選別すること、すなわち情報の文脈的要素を意識して尋ねたものである。「フォロー数が多すぎる」は文脈と量の二つの要素を併せ持つ項目として設定された。図6-1では、第1調査での各項目における4件法による分布を示したが、ツイートと無意味なツイートの量の多さに対しては、半数前後の回答者が肯定した。一方、フォロー数の多さと「必要な情報を見つけるのに苦労する」ことで

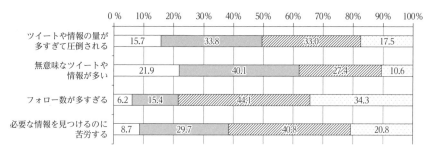

図6-1 情報過多感測定項目における分布（N＝1559）

表6-1 利用者の1日あたりの受信ツイート数とフォロー数

	平均	SD	最小値	p10	p25	p50	p75	p90	最大値
1日受信ツイート数	3541.36	27515.22	0	23.9	109.6	452.4	1549.7	5417.6	831380
フォロー数	264.32	1661.92	1	8	22	63	163	437	51912
1フォロー受信数	8.88	7.37	0	2.0	4.0	7.2	11.5	17.7	67.3

N＝1,559

は、肯定的回答の割合は低くなった。

　利用者の1日あたり受信ツイート数なども確認しておこう[2]。それらをまとめたのが表6-1である。1日の受信ツイート数、フォロー数の平均値と標準偏差（SD）が大きくなっているのは、二つが、べき分布となっているからである。すなわちごく少数の者が莫大な受信ツイート数やフォロー数となっている。この点を考慮し、中央値（p50）に着眼すると、利用者は1日に452のツイートを受信していることになる。

　「1日受信ツイート数」／「フォロー数」で求めた、1フォローあたりの受信数の分布では、フォロー数が大きくなると値も大きくなった。これは2章で見たように、フォロー数が大きな利用者の場合、中心的な利用動機が「既存社交」から「情報獲得」や「オンライン人気獲得」へ移ること。そしてフォローアカウントが5章で記した「趣味情報系ツイート」や、公共情報を相応に含む「ネット情報系ツイート」を発信するものになっていくからと考えられる。

表6-2 情報過多感を従属変数とする重回帰分析

従属変数：情報過多感	モデル1	モデル1-a	モデル1-b	モデル2
	標準偏回帰係数（β）			
年齢	.06*	.05*	.06*	.05*
性別（女性ダミー）	.03	.03	.03	.03
利用月数	−.05*	−.06*	−.05*	−.05
フォロー数（対数）	.07	.20***		.08
1日あたり受信数（対数）	.14*		.20***	.13*
クラスタリング係数	−.02	−.02	−.02	.01
1日あたり受信数×クラスタリング係数				.06*
オンライン人気獲得	−.15***	−.15***	−.15***	−.15***
娯楽	−.04	−.05	−.04	−.05
既存社交	−.12***	−.11**	−.12***	−.11***
情報獲得	−.10**	−.10**	−.10**	−.10**
人数	1559	1559	1559	1559
F値	38.17***	41.76***	42.27***	35.15***
調整済み決定係数	.193	.191	.193	.194

*** $p<.001$, ** $p<.01$, * $p<.05$, † $p<.10$

2 情報過多感は何によって決まるのか？

では三つのRQの検討に入ろう。表6-2は情報過多感を従属変数とする重回帰分析の結果を、変数の影響力の強さを比較できるように標準偏回帰係数（β）で表したものである。情報過多感は図6-1の4項目を対象に因子分析を行い（主因子法）、1因子解採用時の因子得点を用いた[3]。モデルは大きくはモデル1とモデル2の2つで、モデル2には受信ツイート数によるクラスタリング係数（ネットワーク密度）の動きを分析するために交互作用項を投入した。独立変数には、利用者のフォロー数、1日あたり受信ツイート数、クラスタリング係数をまず投入した[4]。このうちフォロー数と1日あたり受信ツイート数は正規分布ではないため対数変換を施した。四つの利用動機も独立変数としてすべてのモデルに投入した。さらに統制変数として、年齢と性別（男性＝0、女性＝1のダミー変数）、ツイッター利用月数を投入した。

まずは情報過多感へのフォロー数および受信ツイート数の影響を検証するモデル1に加え、フォロー数のみを投入したモデル1-a、1日あたり受信数の

みを投入したモデル1-bを見てみよう。3モデルに共通して有意となった統制変数は年齢と利用月数であり、年齢が上がるほど、また利用月数が短いほど情報過多感が強くなっている。

RQ1で扱っているフォロー数と受信ツイート数を見てみよう。独立変数としてフォロー数のみを投入したモデル1-aでは、フォロー数には有意な正の効果が見られ、フォロー数が増えると情報過多感が強まることが判明した。受信ツイート数のみを投入したモデル1-bでは受信ツイート数が同様に有意な正の効果を持ち、受信ツイート数が増えると情報過多感が強まることが示された。最後にフォロー数と受信ツイート数の両独立変数を投入したモデル1に目を移すと、受信ツイート数のみが正の有意な効果を持ち、フォロー数は有意な効果を持たなかった。つまり情報過多感に影響力を持つのは受信ツイート数のみで、受信ツイート数が増えると情報過多感が強まる関係が見られた。

ついでRQ2に進み、モデル1とモデル2を比較しよう。モデル2では、モデル1での独立変数に加えて、1日あたり受信ツイート数とクラスタリング係数の交互作用項が投入されているが、交互作用項が有意になれば、1日あたり受信ツイート数の大きさによってクラスタリング係数の情報過多感への影響力の大きさや向きが変わることになる。結果は、クラスタリング係数は情報過多感へ有意な主効果を持たず、交互作用項のみが有意な正の効果を持つというものだった（モデル2）。

モデル2での、受信ツイート数およびクラスタリング係数と情報過多感の三つの関係を把握するために、情報過多感因子得点の事後推定シミュレーションを実行した。シミュレーションでは、女性について、受信ツイート数とクラスタリング係数以外の説明変数を平均値に固定し、受信ツイート数とクラスタリング係数の値を平均値±1標準偏差で変動させて、九つのパターンについて情報過多感因子得点を算出した。

9パターンを横軸に、情報過多感因子得点を縦軸に示したのが図6-2である。1日あたり受信ツイート数が中位（387ツイート）と高位（3227ツイート）の場合は[5]、クラスタリング係数が大きくなるほど、すなわちネットワーク密度が高まるほど情報過多感が強まり、受信ツイート数が増えるとクラスタリング係数の効果が強くなった。逆に、1日あたり受信ツイート数が低位（46ツイート）の場合は、クラスタリング係数が大きくなると情報過多感は弱くなった。

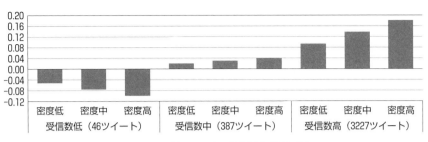

図6-2　9パターンによる情報過多感因子得点

最後に、RQ3を検討しよう。表6-2の利用動機については、娯楽動機は情報過多感に有意な効果を持たず、他の三つの動機は負の有意な効果を持った。つまり、オンライン人気獲得、既存社交、情報獲得のいずれの動機でもそれが強くなるほど、情報過多感が弱くなる。

3　情報過多感とネットワークのサイズ／密度の関係についてのまとめと解釈

これまでの分析結果をまとめると、以下のようになる。
(1) 受信ツイート数が増えれば利用者の情報過多感は増すが、フォロー数が増えても利用者の情報過多感は増さない（RQ1）。
(2) ネットワーク密度は利用者の情報過多感には影響しない（RQ2）。
(3) 受信ツイート数が中位と高位の場合は、ネットワーク密度が高くなるほど利用者の情報過多感が強まり、受信ツイート数が低位の場合は、ネットワーク密度が高くなるほど利用者の情報過多感は弱まる。
(4) 受信ツイート数が中位から高位に増えると、ネットワーク密度が利用者の情報過多感に及ぼす影響は強まる。
(5) オンライン人気獲得、既存社交、情報獲得の動機が強くなるほど、情報過多感は弱まる（RQ3）。

1点目は、情報量が情報過多感に影響することを示している。モデル2において、情報過多感に正の効果を持つのが受信ツイート数のみだった理由としては、情報量に対してより直結するのは受信ツイート数であり、フォロー数は情報量への結びつきが相対的に弱いためというものが考えられる。つまりフォ

ロー数が多くてもその人たちの発信数が少なければ、受信ツイート数も少ない場合があるということでああある。

2点目は、クラスリング係数が情報の文脈や質を示すものであり、受信ツイート数といった情報量を示すものよりも情報過多感への影響の程度が少ないという解釈が可能であろう。つまりツイッターでのネットワーク構成は、互いを知る友人中心にも、ニュースアカウント中心にもできるが、平均的に見れば、ネットワーク密度は情報過多感に対して影響力を持たないということである。この結果は、日本のツイッター利用者のネットワークでは、相互フォロー率が高く、クラスタリング係数が大きいというマイヤーズら (Myers et al., 2014) の報告はあるものの、日本人もツイッターを SNS というよりはニュースメディアとして使っていることを示唆する。実際、第1調査でのクラスタリング係数の平均値は0.092で、これは相互承認の友人関係によりネットワークが構成されるミクシィの0.237 (丸井ら, 2010) に比べると低い。

第1調査での相互フォロー率は48.2%であった。クワックら (Kwak et al., 2010) では22.1%と報告された相互フォロー率は、利用者数が大きくなった後には19.5%と報告された (Watanabe & Suzumura, 2013)。これらの数字は48.2%と比べればずいぶんと小さい。けれどもここで注意を要するのは、筆者らの第1調査のデータの起点となったアカウントが個人のものであり、有名人やニュースアカウントのものではない点である。つまり第1調査のデータでは相互フォロー率の高くなる可能性が指摘できる。見方を変えれば48.2%という相互フォロー率は人間関係の半分以上が一方向の関係であることを意味する。だとすれば日本人もツイッターを第一義的にはニュースメディアとして使っているという結論は妥当であろう。

では3点目と4点目の、受信ツイート数およびクラスタリング係数と情報過多感の関係を解釈してゆこう。受信ツイート数が増えるとクラスタリング係数の影響力が強まる理由については、大量のツイートの中から、相互に知る友人や知人のツイートを読まねばならない圧力に利用者がさらされ、受信ツイートからそれらを見つけることにストレスを感じているからだと考えられる。つまりコールマン (Coleman, 1987) とボット (Bott, 1955; 1971) の理論を援用して構築した推論が当てはまる。受信ツイート数が少ない場合に、ネットワーク密度が高いほど情報過多感が弱くなる傾向が見られた理由は、利用者が、限られた

数の共通の友人を中心に構成したネットワークから届くツイートを楽しみながら読んでいるからというものが考えられる。この解釈は、ローマーら（Laumer et al., 2013）がフェイスブックにおいて示した友人からのコンテンツが面白いと思う程度が強いと情報過多感が減少する[6]という傾向と整合する。

5点目では、オンライン人気獲得、既存社交、情報獲得の三つの動機が強くなるほど情報過多感は弱くなるという結果を得た。このことは、この3動機に基づいてツイッターでカスタマイズ化された情報環境を作り、そこから目的にあった情報を得ている場合には情報過多感は弱くなると解釈できる。つまり目的に沿った便益を得ているという感覚が情報過多ストレスを上回っているという解釈である。

以上が情報過多感に影響する要素についての知見である。次は情報過多感を独立変数としても使いながら、パネルデータの分析へと進むことにしよう。情報過多感を持つ利用者が利用期間が長くなるとどのようにツイート処理方法を変更しているのか、また利用動機によって変更後のツイート処理方法には差異が存在するか、という2点を明らかにする。

第三節　利用者のツイート処理をめぐって

ジャンセンら（Jansen et al., 2009）の指摘どおり、ツイートは電子的な、それも大規模な口コミになりうる。そのような理由からもツイートの伝播構造研究は活発で、その成果はコンピュータサイエンス分野で多い。

マーケティング領域でも、ツイートに限らず、ネット上に人びとが書き残す電子的口コミにまで対象を広げれば、受信者の心理あるいは発信者と受信者との関係性といった視点から、その影響力を分析した研究には相応の蓄積がある。消費者の購買決定モデルを複数段階に分け、各段階における電子的口コミの影響力を分析したもの（de Bruyn & Lilien, 2008）、企業運営のブランドサイトや個人ブログなど電子的口コミが書かれる場や口コミの内容（肯定的か否定的か）による影響力の差を分析したもの（Lee & Youn, 2009）、SNSにおける友人間での商品情報の流通実態や影響力を分析したもの（Chu & Kim, 2011）などである。

けれども、電子的口コミに消費者が接触する時点もしくは接触後のプロセス

に関する研究の蓄積に比べると、消費者の情報接触前のプロセスに、別言すれば情報を見ているのか見ていないのか、に焦点を当てた研究は非常に少ない。コンピュータサイエンス分野であれば、情報過多を緩和することでマーケティング効果が改善されるという知見（Cheng et al., 2010）や、情報過多環境を想定したうえでのSNSでの情報伝播モデルシミュレーション（Li et al., 2014）などの基礎的成果はあるが、マーケティング分野での関心は薄い。

とはいえ、ソーシャルメディアでの情報過多はすでに起きていると考えられる。であるならば、ソーシャルメディアを流れる情報は消費者にどれだけ接触されていないのか、どうして接触されないのか、どうすれば接触されるのかという知見の必要性は高い。そのような視点から眺めてみると、先行研究で援用可能なものがいくつか存在する。

1 フォロー外し（アンフレンド＝ Unfriend）

ツイッターのタイムラインにコンテンツ推奨アルゴリズムが導入されたのは2015年に入ってからである[7]。タイムラインに流れてくる全ツイートの一部だけを閲覧できるリスト機能は2009年に導入されたものの（Stone, 2009）、利用者は自ら手間をかけてリストを作成しないといけない。すなわち筆者らの調査時点においてツイッターでは利用者のフォローするアカウントが投稿した全ツイートが時系列で並ぶ仕様になっており、処理する情報量を利用者が自分の意志で制御できる環境が提供されていた。

では情報過多を感じるツイッター利用者は、利用期間が長くなると、どうツイートに対処するようになるのだろうか。その対処方略は大きくは二つに分かれる。第1は受信するツイートの絶対数を減らす方略で、第2はツイート処理方法を変更する方略である。前者は発信側を、後者は受信側を、コントロールする発想である。

まず第1の方略に関わる先行研究をレビューしていこう。受信ツイート数はフォロー数と強い正の相関を持つ（Hodas et al., 2013；北村, 2014）。したがって、受信ツイート数を減らす最も簡単な方法はフォロー数を減らすこと（アンフレンド）である。第1調査では、「フォローを外す」人は多く、その経験率は59.8%、「月に2,3回」以上行う者は13.2%であった。

クワックら（Kwak et al., 2011）では、韓国人利用者の日次データが分析され、51日間で30％の利用者が少なくとも1回のアンフレンドを実行していること、平均アンフレンド数は15であること、アンフレンドの90％が9日未満の間隔で行われていることが報告されている。また短時間のうちに大量のツイートを投稿するアカウントがアンフレンドされていることも補足的なインタビューによって示されている。

　その後、情報過多の観点からではなく、ネットワーク構造の観点から研究は継続され、クワックら（Kwak et al., 2012）は韓国人利用者の任意の一つの人間関係において、フォロー関係が双方向であると、あるいはフォローしてからの時間が長いと、その関係が切られにくいことを示した。また利用者の持つネットワークの相互フォロー率が高いと、あるいは利用者間の共通フォロー数が多いと、利用者のアンフレンド数が減ることも示している。その一方で、利用者のフォロー数がアンフレンド数に対して有意な効果を持たないことも示した。キヴラン＝スウェインら（Kivran-Swaine et al., 2011）は、同様の分析を韓国人以外も含む利用者を対象に実施し、フォロー関係が双方向性であるとその関係が切られにくく、利用者の持つネットワークの相互フォロー率が高いと、あるいは利用者のクラスタリング係数が高いと、アンフレンド数が減少することを示した。またキヴラン＝スウェインらは利用者のフォロー数が多いとアンフレンド数は増えるというクワックら（Kwak et al., 2012）とは異なる結果を示したが、フォロー数のアンフレンド数への効果は相互フォロー率や利用者間の共通フォロー数といった変数よりも弱かった。

　これらの研究と、前節のモデル2（表6-2）においてフォロー数が情報過多感に対して有意な正の効果を持たなかったことを合わせると、相互フォロー率といったネットワーク構造にかかわる変数がアンフレンド数に対して負の効果を持つことが有力である。一方、フォロー数のアンフレンド数に対する正の効果は相対的に弱い。

　加えてクワックら（Kwak et al., 2011）では、利用者のフォローする回数とアンフレンドする回数の相関係数は0.715と高いものの、前者の方が多く、ユーザーはフレンド数を時間とともに増やすと報告されている。これは小島と徳田（Kojima & Tokuda, 2011）の、フォロー数が32より多くなると、ユーザーはアカウントの追加と削除を頻繁に行うようになり、その上で徐々にフォローの絶対

数を増やしていくという結果と整合する。ゆえに以下の二つの仮説が導かれる。
(1) H-1：利用者は利用期間が長くなるにつれフォロー数を増やす。
(2) H-2：利用者は利用期間が長くなるにつれ受信ツイート数を増やす。

利用者はツイッターを長く利用することで、フォロー数や受信ツイート数を増やす可能性が高い。とはいえ、情報過多感に対して受信ツイート数は有意な正の効果を持っていた。であるならば、情報過多感の強い者がツイッターを利用する中で受信ツイート数を減らして情報過多感を緩和することは理論的に考えられる。したがって、第3の仮説は以下となる。
(3) H-3：利用者の第1調査時点での情報過多感が強いほど第2調査時点での受信ツイート数は減少する。

2 ツイート処理方法

情報過多を感じる利用者は、ツイートの処理方法を変更して対処することも可能である。そしてこの第2方略には、人間がツイートへの認知的対処方法を変える認知的方略と、ソフトウェアの機能によりツイート処理方法を変える機械的方略の二つがある。

このうち認知的方略による情報過多への対処可能性については、ホダスとレーマン（Hodas & Lerman, 2014）の「可視性の急速な減衰」（Rapid Visibility Decay）という概念が援用できる。「可視性の急速な減衰」は「目新しさの急速な減衰」（Rapid Novelty Decay）（Hodas & Lerman, 2012; Hodas & Lerman, 2014）と区別されたもので、後者ではコンテンツの目新しさはオリジナルツイート投稿後の経過時間によって決まるのに対して、前者では投稿時刻による新しさは関係なく、あくまでも視界における新しさが重視されている。これは彼らがURLを含むツイートの投稿／閲覧／リツイートの時刻を分析した結果、仮に数ヶ月も前に投稿された古いツイートであっても、ツイッター利用時にタイムラインの最初の部分に現れれば、リツイートされやすいという事実に基づくものである[8]。「可視性の急速な減衰」は、利用者がタイムラインの冒頭に表示されたツイートのみを閲覧している可能性を示唆する。

次に第２方略のうち機械的方略を用いた情報過多への対処を考えよう。ゴメス＝ロドリゲスら（Gomez-Rodoriguez et al., 2014）では、利用者の受信ツイート数には明確な上限がない一方で、URLつきツイートの１時間あたりリツイート数の上限は約30であることが報告された[9]。また利用者の１時間あたりリツイート数が30以上になると、リツイートされる元ツイートの投稿者数が限定的になることも示された。データの取得時期は2009年７月～９月で、これは2009年10月にツイッターでリスト機能が導入される前である。したがって利用者は大量に受信するツイートの中から投稿者情報のみを見てリツイートしていることが推測される。そしてこういった利用者は「リスト」を利用する潜在利用者だとも考えられる。つまり利用者は情報過多になると、処理するツイート数を機械的方略によって削減する可能性を、この結果は示唆している。

以上の認知的方略と機械的方略に関する先行研究から第４仮説が導出される。

（４）　H－４：情報過多を感じる利用者ほど利用期間が長くなるにつれ、すべてのツイートを自分の目で見ることをやめる。

第四節　情報過多感による利用者のツイート処理方法の変化

1　利用期間によるフォロー数および受信ツイート数の変化

分析は778名に対して実施した。これは第１調査と第２調査の双方から回答およびログデータが取得できた812名から、フォローしているアカウントの種類を尋ねた質問において、11種類すべてを「この種類のアカウントはフォローしていない」と二つの調査の少なくとも一方で回答した34名を除外したものである。第２調査時点での平均年齢は30.6歳（SD＝5.77）で、46.9％が女性であった。

H－１を検証しよう。第１調査でのフォロー数の平均値は302.0（SD＝2116.2）、第２調査での平均値は321.8（SD＝2109.9）であった。つまり第２調査の方が大きく、二つの時期の平均フォロー数の差は19.8（SD＝117.3）で、中央値は３であった。また最小値は－822で、最大値は1909であった。対数変換を施したものについては、第１調査でのフォロー数（対数）の平均値は1.80（SD＝0.69）、

第2調査での平均値は1.85（SD=0.68）であった。H-1を検証するために対数変換したフォロー数に対して対応のある t 検定を実施すると[10]、両者には有意差が確認された（t=10.62, p=.000）。ゆえに H-1 は支持され、先行研究（Kwak et al., 2011; Kojima & Tokuda, 2011）と整合的な結果が得られた。

次に、H-2の検証のために受信ツイート数を見てみよう。第1調査での1日あたり受信ツイート数の平均値は4588.8（SD=37006.1）、第2調査での平均値は4395.8（SD=33668.5）であった。つまり第2調査の方が小さく、二つの時期の1日あたり受信ツイート数の差は-193.0（SD=4676.5）で、中央値は-11.4であった。また最小値は-114671.3で、最大値は31704.6であった。対数変換を施したものについては、第1調査での1日あたり受信ツイート数（対数）の平均値は2.62（SD=0.91）、第2調査での平均値は2.61（SD=0.92）となった。H-2を検証するために対数変換したものに対して対応のある t 検定を実施すると、両者には有意差が確認されなかった（t=0.57, p=.565）。ゆえに H-2 は支持されなかった。

ここまでをまとめると、利用者はツイッターを長く利用することでフォロー数を増やすものの、受信ツイート数はそれとともに増えるわけではないということである。

2　情報過多感の受信ツイート数への影響

H-3の検証には重回帰分析を用いた。従属変数は対数変換した第2調査時点の1日あたり受信ツイート数である。また独立変数としては、受信ツイート数（対数）の他、情報過多感と四つの利用動機を用いた。統制変数としては、年齢と性別（男性=0、女性=1のダミー変数）、そしてツイッター利用月数を投入した。これらはすべて第1調査でのデータである。

重回帰分析を行い、変数の影響力の強さを比較するために標準偏回帰係数（β）を示したのが表6-3である。第1調査時点の受信ツイート数（対数）が有意な正の、しかも非常に強い効果を示した。つまり第2調査時点の受信ツイート数は第1調査時点の受信ツイート数でほぼ決定される。利用月数が有意となり、利用期間が長いほど受信ツイート数が減少した。

利用動機は、既存社交動機のみが受信ツイート数に影響した。すなわち既存

表6-3　第2調査ツイート受信数を従属変数とする重回帰分析

従属変数：第2調査ツイート受信数（対数） （2014年1月時点）		
独立変数（すべて2013年8月時点）	標準偏回帰係数（β）	
年齢	.000	
性別（女性ダミー）	.003	
利用月数	−.029	**
情報過多感	.009	
受信ツイート数（対数）	.973	***
オンライン人気獲得	.015	
娯楽	.005	
既存社交	−.026	*
情報獲得	.000	
人数	778	
F値	1397.71	***
調整済み決定係数	.94	

***$p<.001$, **$p<.01$, *$p<.05$, †$p<.10$

社交動機が強いほど、受信ツイート数は減少した。これは2章第2節の既存社交動機でツイッターを利用する者はネットワークを大きくしないという結果と整合する。

「利用者の第1調査時点での情報過多感が強いほど第2調査時点での受信ツイート数は減少する」というH-3を検証するために、第1調査時点の情報過多感を見ると、第2調査時点の受信ツイート数には有意な効果を持たなかった。よってH-3は支持されなかった。

3　情報過多感によるツイート処理方法の時系列変化

ここでの3種類のツイート処理方法をまずは説明しよう。それらは、①「タイムラインに流れてきたすべてのツイートを自分の目で見ている」、②「タイムラインに流れてきたツイートのすべてを自分の目では見ずに、投稿時刻の新しいツイートなどを選別して、見たり、読んだりする」、③「『リスト』や『フィルター』『ミュート』などのシステム／アプリの機能によって一部のツイートを選別してから、見たり、読んだりする」の三つである。

検討課題は、情報過多感を持つ利用者が利用期間が長くなるとどのようにツ

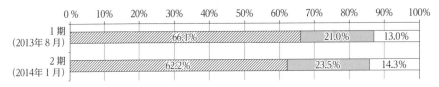

図6-3　2時期におけるツイート処理方法（N=778）

イート処理方法を変更するかである。つまり、①ツイート処理方法を変更していない（すべてのツイートを目視して処理し続けている）、②ツイート処理方法を、認知的方略を用いたものに変更している（利用者が認知コストを下げて処理ツイート数を減らしている）③ツイート処理方法を、機械的方略を用いたものに変更している（ソフトウェアの機能を使って処理ツイート数を減らしている）が大きな差異になる。

　以上のツイート処理方法は、次のような質問によってデータを収集した。「あなたは自分のフォローしているアカウントが投稿したツイートをどれくらい『読んでいる』でしょうか。ツイッターを利用する典型的なある1日を想像して、最もよく用いるツイートの読み方に近いものを一つ選んでください。なおこの質問での『読んでいる』は、ツイートを読んだ数秒後に誰かに尋ねられた時、ツイート内容をだいたい説明できる程度の読み方を指します」。当初用意した選択肢は八つで、後に三つに統合した（8選択肢は注を参照されたい）[11]。なお以下の記述では、それぞれを①「すべてのツイートを目で見ている」、②「投稿時刻の新しいツイートなどを選別して、見たり、読んだりする」、③「システムの機能によって一部のツイートを選別してから、見たり、読んだりする」とする。

　図6-3は二つの時期のツイート処理方法の分布を示したものである。どちらの時期でも、「すべてのツイートを目で見ている」が最多だが、1期で66.1%だったものが、2期では62.2%に減少している。また「投稿時刻の新しいツイートなどを選別して、見たり、読んだりする」の方が、「システム／アプリの機能によって一部のツイートを選別してから、見たり、読んだりする」よりも多く、どちらとも1期から2期にかけて増加した（$x^2=356.36$, $p=.000$）。

表 6-4 第 2 調査ツイート処理方法を従属変数とする多項ロジット回帰分析

従属変数： 第 2 調査ツイート処理方法 (2014年 1 月時点)		モデル	
		投稿時間の新しいツイートなどを選別して、見たり、読んだりする	システムの機能によってツイートを選別してから、見たり、読んだりする
独立変数（すべて2013年 8 月時点）		相対危険度（RRR）	
年齢		1.02	.99
性別（女性ダミー）		1.08	1.20
利用月数		.99	1.01
情報過多感		1.44 **	1.22
オンライン人気獲得		1.08	.84
娯楽		.80	1.15
既存社交		.74 †	1.77 *
情報獲得		.87	1.05
ツイート処理方法 (比較： すべてのツイートを 目で見ている)	投稿時間の新しいツイートなどを選別して、見たり、読んだりする	4.93 ***	5.16 ***
	システムの機能によってツイートを選別してから、見たり、読んだりする	1.93	49.20 ***
切片		.80	.01 ***
人数		778	
カイ 2 乗値		311.91 ***	
擬似決定係数		.22	

***p<.001, **p<.01, *p<.05, †*p*<.10
従属変数の比較カテゴリーは「すべてのツイートを目で見ている」

　H-4 の検証には多項ロジット回帰分析を用い、結果を表 6-4 に示した。多項ロジット回帰分析とは、3 値以上の値をとる名義尺度（カテゴリー）を従属変数とする回帰分析モデルの一種である。本分析の従属変数には第 2 調査でのツイート処理方法を用いた。独立変数には、第 1 調査での情報過多感、四つの利用動機、ツイート処理方法を投入し、統制変数には、第 1 調査での年齢、性別（男性＝ 0 、女性＝ 1 のダミー変数）、利用月数を投入した。

　表 6-4 の独立変数の数値は相対危険度（Relative Risk Ratio: RRR）である。これは当該独立変数が 1 標準偏差分増加した場合に、その従属変数（カテゴリー）が比較するカテゴリーに対して、何倍選ばれるようになるかという数値

で、RRRが1より大きければそのカテゴリーは比較カテゴリーに対して選ばれやすく、RRRが1より小さければそのカテゴリーは比較カテゴリーに対して選ばれにくくなることを意味する。表6-4での比較カテゴリーは「すべてのツイートを目で見ている」というツイート処理方法である。

情報過多感が有意な正の効果を持つのは、「投稿時刻の新しいツイートなどを選別して、見たり、読んだりする」へと処理方法を利用者が変える場合のみで、1％水準で有意となった。

投稿動機では、既存社交動機が「システムの機能によってツイートを選別してから、見たり、読んだりする」へと処理方法を変えることに対して、5％水準で正の効果（RRR=1.77）を持ち、「投稿時刻の新しいツイートなどを選別して、見たり、読んだりする」へと処理方法を利用者が変えることに対して、10％水準で負の効果（RRR=0.74）を持った。つまり既存社交動機が強いほど、「システム／アプリの機能によって一部のツイートを選別してから、見たり、読んだりする」へと処理方法を変えるようになり、「投稿時刻の新しいツイートなどを選別して、見たり、読んだりする」処理方法へと変えない傾向を持った。つまり情報過多感に着目したH-4は部分的にのみ支持された。

4　情報過多感による利用者のツイート処理方法の変化についてのまとめと解釈

これまでの分析結果をまとめると、以下のようになる。
（1）　利用者は利用期間が長くなるにつれフォロー数を増やすものの、受信ツイート数を増やすとは限らない。
（2）　利用者の情報過多感が強いほど、受信ツイート数が減るというわけではない。
（3）　情報過多感が促すのは、「投稿時刻の新しいツイートなどを選別して、見たり、読んだりする」という処理方法への移行のみである。
（4）　情報過多感が強くても、「システム／アプリの機能によって一部のツイートを選別してから、見たり、読んだりする」という処理方法への移行は促されず、既存社交動機が強いほどこの処理方法を選択しやすくなる。

第1点目はH-1が支持された一方で、H-2が支持されなかったことを示

している。これには二つの理由が考えられる。一つはクワックら（Kwak et al., 2011）が示したように、利用者は時とともにフォロー数を増やし、並行して、短時間に多数のツイートをするアカウントを意識的にフォローから外すからというものである。もう一つは、時とともに利用者のフォローしているアカウントのうち一定数が活発にツイートしなくなるからというものである。おそらく実際はこの二つの理由が組み合わさっていると考えられる。

　第2点目はH-3が支持されなかったことを示している。この点でまず考えられるのは、タイムラインのツイートに未読／既読の区分がされることのないツイッターにおける利用者の情報過多感の絶対的水準は高いものではないという解釈である。けれどもより妥当と思われる解釈は、第3点にあるように、情報過多感を感じている利用者は絶対的な受信ツイート数を減らすのではなく、「投稿時刻の新しいツイートなどを選別して、見たり、読んだりする」という処理方法を時とともに選択するようになるというものである。つまり利用者は発信側をコントロールするのでなく受信側をコントロールするわけで、この部分ではH-4は支持されたことになる。

　ツイッターは2015年に入ってから「ご不在中の出来事（While You Were Away／Recap）」という機能を導入した（Rosania, 2015）。これはしばらくの間ツイッターを起動していなかった利用者に対する「不在中」の受信ツイートを対象としたコンテンツ推奨機能であるが、この機能導入を勘案すれば、相当数の利用者が「投稿時刻の新しいツイートなどを選別して、見たり、読んだりする」という処理方法を行っていることが推察される[12]。

　しかし同じ受信側をコントロールする方法でも、第4点の「システム／アプリの機能によって一部のツイートを選別してから、見たり、読んだりする」という処理方法に関しては、H-4は支持されなかった。なぜならば「システムの機能によってツイートを選別してから、見たり、読んだりする」という処理方法の選択には情報過多感の強さは関係なく、既存社交動機を強く持つことでそれが選ばれる結果になったからである。繰り返すと、この処理方法を選ぶことに影響するのは、ここで取り上げた変数のなかでは既存社交動機だけであった。だとすれば、利用者が「システムの機能によってツイートを選別してから、見たり、読んだりする」時に選別しているのは、既知の知人や友人からのツイートであると考えることが妥当であろう。つまり主に利用されているシステ

ムの機能は、読まねばならぬツイートを投稿する知人や友人だけが登録されたリスト機能であろう。

　この結果は、本章前半で述べた、既知の友人関係が一定程度埋め込まれた、ネットワーク密度の高いかつある程度規模の大きいネットワークを持つ利用者が、多くの受信ツイートのうち友人から届いたツイートを選別する必要に迫られており、それゆえ情報過多感を強く感じているという解釈とも接続可能である。既存社交動機でのツイッター利用者のうち、読まねばならないフォローを登録したリストの利用者は、読むべきツイートを読めている。しかしながら既存社交動機でツイッターを利用するすべての者がそのようなリストを利用しているわけではない。事実、3種類の処理方法で言えば、「システム／アプリの機能によって一部のツイートを選別してから、見たり、読んだりする」者は第2調査でも14.3%でしかなかった。つまり既存社交動機でのツイッター利用者の中にも「すべてのツイートを目で見ている」者は存在し、その彼らも利用期間が長いからといって受信ツイート数を大幅に減らすことはない。ゆえに9パターンのシミュレーション（図6-3）で見たように、大量のツイートを受信している利用者において、クラスタリング係数の影響が情報過多感に強く出るようになるのだろう。

　一方、「投稿時刻の新しいツイートなどを選別して、見たり、読んだりする」という処理方法は、既存社交動機が強いほど選択されにくいものであった（10％水準）。これは直前で述べた既存社交動機でのツイッター利用者がリスト機能を用いて読むべきツイートを選別しているという解釈の裏返しで、読まねばならないツイートのある利用者は、重要なツイートの読み損じが生じるこの処理方法を選びにくいということであろう。

第五節　ツイートを目にしてもらい、転送してもらうには

　ここまでの分析結果を踏まえて最後にマーケティングや広報の実務面でのインプリケーションを述べて本章を閉じることにしよう。ツイートを目にしてもらうことを考える上でまず肝心なことは、利用者がツイッターを既存社交動機で利用しているか否かの見極めである。このデータはアンケート調査によって

収集するのが確実である。ただし大規模調査の実現性の低さと所要時間の長さを考慮すると、この動機の強いツイッター利用者のネットワークのサイズや構造等の2章に示したデータや知見を利用して、ログデータから利用動機を推測する手法もあり得る。ちなみに、既存社交動機の代表的項目である「知人・友人に自分の近況を知らせるため」を4件法で尋ねた場合に最も肯定的な「あてはまる」と答えた者は20.1％であった。

　ではここからは当該アカウントが強い既存社交動機で利用されている場合を考えよう。この場合は、友人からのツイートは高い確率で読まれるはずである。それはリスト利用の有無にかかわらずである。したがって友人がツイートないしは公式リツイートする企業キャンペーンのツイート（プレゼント応募後に自分が応募したことをウェブからツイートするものや公式リツイートすることがプレゼント応募条件になるものなど）も目にされる確率は高い。

　ただし2章で見たように、既存社交動機の強いツイッター利用者のネットワークは小さいため、ここでツイートが大規模な伝播を生むためには2次以降のリツイートが必須となる。よってアダムス（Adams, 2011　小林訳, 2012）の言う「影響力の強い個人よりも小規模な友人同士のグループに注目するべきで、多数のグループで情報伝播が起きたときに非常に大規模な伝播となる」という考え方が、ここでは適合的である。と同時に裏を返せば、既存社交動機の強い利用者ばかりにツイートが届いた場合は2次以降のリツイートがない限り大規模伝播は起きないということでもある。つまり既存社交動機で利用するユーザーについては、その近傍ネットワークにおいていかに2次以降のリツイートを生むかがポイントになる。それは「面白い」「楽しい」「好きだ」「すてきだ」「うれしい」「かわいらしい」という気持ちによって促進されることになるため（4章）利用者にそう感じられる企画やコンテンツを制作することが重要になる[13]。これはすでに実務家によって日常的に検討されていることだろうが、ツイッターにおいてそのような企画が特に有効なのは、既存社交動機の強い利用者に対してである。

　さらに検討すべきは、この動機で利用する利用者が見逃してはならないと考えている「友人や知人の日常の行動が書かれたツイート」や「友人や知人の気持ちが書かれたツイート」と同じく、友人がツイートないしは公式リツイートした企業キャンペーンツイートが読まれるか、ひいては転送されているかであ

る。チューとキム (Chu & Kim, 2011) では、相互承認によって利用者がネットワークを形成するタイプの SNS において、友人から流れてきた商品情報を自分の友人ネットワークへ転送する (Opinion Passing) 程度が調べられた。その結果は、つながりの強さ、友人への信頼の強さ、規範への同調性が高いほど商品情報は友人へ転送される傾向を持つが、その一方で友人ネットワークの同類性が高いと判断されていれば、友人へと商品情報は転送されにくくなるというものであった。つまり、既存社交動機で利用する者が企業キャンペーンツイートをどれだけ転送しているかは研究の途上にある。

　次に既存社交ではない動機の強いツイッター利用者について考えよう。5章の分析から、「商品」「プレゼント」という語は「ネット情報系ツイート」に良く見られるもので、「ネット情報系ツイート」はオンライン人気獲得動機と情報獲得動機が強いほど多く受信されていた。つまり、商品情報はオンライン人気獲得および情報獲得の動機が強い利用者に多く受信される傾向を持つ。また2章で示したように、オンライン人気獲得動機の強い利用者が利用期間が長くなるにつれフォロワー数を増やしていく傾向を持ち、情報獲得動機が強いほどフォロワー数を増やさない傾向を持った。つまり潜在的な伝播力は、オンライン人気獲得動機の強い利用者においてより大きい。なぜならばこの動機で利用する者のネットワークサイズは大きく、またこの動機が、「自分の存在を知ってもらうため」「自分の考えを広く知ってもらうため」という項目でも構成されているからである。したがってオンライン人気獲得動機の強い利用者にツイートを見てもらいリツイートしてもらうことがツイート総量を増やす上での基本戦略となる[14]。

　けれどもツイッター利用者には情報過多の問題がつきまとう。受信はされても目にされていないという問題である。毎日ツイッターを利用する利用者のうち「ほぼ毎日」情報過多を感じている利用者は27.1％おり (Sasaki et al., 2015)、情報過多を感じている利用者は、利用動機に関係なく「投稿時刻の新しいツイートなどを選別して、見たり、読んだりする」という処理方法を利用期間が長くなるにつれ選択しやすくなる。第2期のパネルデータでは23.5％が「投稿時刻の新しいツイートなどを選別して、見たり、読んだりする」という処理方法を選択していたが、この方法ではツイートが読まれるか読まれないかは運に依存する程度が強くなる。そしてツイートが読み飛ばされるようになればなる

ほど公式リツイートが連鎖する可能性は低くなっていく。

　ツイッターの情報環境が不変という仮定をおけば、考えうる対応策は利用者がツイッターを起動するタイミングを見越してツイートを送るというものである。ツイッターに対価を払うプロモツイートはまさにこれを実現するもので、利用者がその時にいる場所や置かれている状況も考慮したコンテンツ推奨技術が生きる分野でもある。もしタイミングを見越してのツイート送信が可能となれば、「可視性の急速な減衰」(Hodas & Lerman, 2014) は起こりづらく、利用者がツイートを目にする確率は上がる。しかしながら仮にそのような機能を実現するサービスが登場すれば、多くの企業がそれを利用するようになるだろうから、利用者に見てもらう上で良好なタイミングでのツイートであったとしても受信ツイートが集中してしまい、やはり読まれないツイートも出てくるだろう[15]。

　まとめるならば、既存社交以外の三つの動機での利用者に関しては、サイモン (Simon, 1971) が述べた「情報が余剰化すると、関心が希少化する」という大原則が強く適用される。すなわちオンライン人気獲得、娯楽、情報獲得という動機の強いツイッター利用者においては、利用期間が長くなることで目にされないツイート比率が上がっていく可能性が高く、現状のツイッター情報環境では情報を届けることの困難さが急速に大きくなっていくと考えられる。したがってツイッターで利用者の関心を得る（そしてそこから態度変容などのエンゲージメントを得る）という便益に対して、ここで述べた「目にされない可能性」にも目配りすることが実務的観点からは特に重要になる。

注

1) 流通情報量は「各メディアを用いて、情報受信点まで情報を届けること」。消費情報量は「情報消費者が、受信した情報の内容を意識レベルで認知すること」で、テレビ番組を見たり、ブログの記事を読んだりする行為を指す。いずれもデータ量はビットで計算される。

2) 1日あたり受信ツイート数は、データ取得時に当該ユーザーがフォローしているアカウントの7日間発信ツイート数を加算して、7で除して算出した。

3) 因子得点の平均値はほぼゼロ（2.35×10^{-9}）で、標準偏差は0.816、最大値は1.966、最小値は-1.629。

4) 1日あたり受信ツイート数とクラスタリング係数については、この二つの変数を掛け合わせた交互作用項を作る上で標準化した。

5) 中位の1日あたり受信ツイート数が387で、表6-1の中央値（p50）が452.4と異なるのはここでは女性の値を算出しているからである。

6) 厳密に言えば、ローマーら (Laumer et al., 2013) は社会的相互作用過多感（Social Interaction

Overload）という指標を用いている。
7） 2014年8月から、自分がフォローしていないアカウントのツイートもタイムラインに表示されるようになった（Ong, 2014）。ただし筆者らの第2の調査時点（2014年1月）では、自分のフォローした者によって投稿されたツイートだけが、タイムラインに表示されていた。
8） ホダスとレーマン（Hodas & Lerman, 2014）のリツイートの定義は、最も投稿時刻の早いオリジナルツイートに含まれるURLと同一URLが含まれる時間的に後に投稿されたツイート。なおデータ収集時期は「09年秋」とされており、おそらく09年11月の公式リツイート機能導入前だと思われる。
9） ゴメス゠ロドリゲスら（Gomez-Rodoriguez et al., 2014）のデータ収集時期は2009年の7月から9月で、公式リツイート機能導入前である。ゆえにリツイートの定義は、"RT"、"via"、"Retweet"といった文字列を含むものとなる。
10） t 検定では従属変数が正規分布に従うことを仮定しているため、フォロー数と1日あたりツイート受信数の平均値の差の検定では、対数変換したフォロー数と1日あたり受信数の差を比べるべきである。ただし具体的な数を読者にイメージしてもらうために、ここでは実数値も記した。
11） 八つの選択肢は下記のとおり。回答を得た後に、選択肢1から3、選択肢4と5、選択肢6から8をそれぞれ統合した。1「タイムラインに流れてきたすべてのツイートを『読んでいる』」、2「タイムラインに流れてきたすべてのツイートを自分の目で見て、流れてきたすべてのツイートから半数以上のツイートを選別して『読んでいる』」、3「タイムラインに流れてきたすべてのツイートを自分の目で見て、流れてきたすべてのツイートから半数未満のツイートを選別して『読んでいる』」、4「タイムラインに流れてきたツイートのすべてを自分の目では見ずに、投稿時刻の新しいツイートだけなど、流れてきたすべてのツイートから半数以上のツイートを選別して『読んでいる』」、5「タイムラインに流れてきたツイートのすべてを自分の目では見ずに、投稿時刻の新しいツイートだけなど、流れてきたすべてのツイートから半数未満のツイートを選別して『読んでいる』」、6「タイムラインに流れてきたすべてのツイートから、「リスト」や「フィルター」「ミュート」などのシステム／アプリの機能によって一部のツイートを選別し、選別したツイートのすべてを『読んでいる』」、7「タイムラインに流れてきたすべてのツイートから、「リスト」や「フィルター」「ミュート」などのシステム／アプリの機能によって一部のツイートを選別し、選別したツイートの半数以上を『読んでいる』」、8「タイムラインに流れてきたすべてのツイートから、「リスト」や「フィルター」「ミュート」などのシステム／アプリの機能によって一部のツイートを選別し、選別したツイートの半数未満を『読んでいる』」。
12） 2016年には「新着ツイートのハイライト（Best Tweets First）」機能が導入された。「ご不在中の出来事」機能とのちがいは、新機能の利用を利用者が望まなければそのように設定（オプトアウト）できる点にある（Jahr, 2016）。
13） 2次以降のリツイートを生みやすい元ツイート内容とリツイートする理由の関係は4章第七節を参照のこと。
14） 4章第一節において、ツイッター上で大規模な情報伝播が起きる際に、特定の個人による強い影響力やネットワーク構造を重視する立場と小規模な友人同士のグループを重視する立場とがあることを記したが、利用動機という変数を導入すれば二つの立場を統合して大規模な情報伝播が起きる理由を説明できる可能性がある。
15） タイミングの善し悪しにランクづけをする、あるいは最も良好なタイミングで発信できるツイート数を限定し、利用金額を高くするという料金体系は当然考えられる。

終章
ソーシャルメディア時代の
オンライン世界の今後

　序章では、ソーシャルメディア時代のオンライン世界が持ついくつかの特徴を記した。終章では、それらの特徴について、1章から6章までのツイッターを対象とした分析を振り返りながら再度考察する。その目的は、本書の締めくくりとして、これからオンライン世界が向かう方向を展望し、それゆえ重要になると考えられる研究的・社会的課題、ならびに我々が一人の生活者として目配せすべき要素について整理することにある。

1　メディアの「境界線」の溶解と娯楽への傾斜の可能性

　3章で見たとおり「今自分のしていることや置かれている状況を書いたツイート」は最も投稿頻度の高い内容であり、筆者らのログデータでの頻出語分析でも確認されている。逆に、4章での公式リツイート内容では「政治や経済・経営、社会に関するニュースや事実を知らせるツイート」が「知って欲しい」という理由から多くリツイートされることも明らかにしたが、その点ではツイッターはニュースメディア的である。
　5章で見たように、個人的ツイート受信量が多いほどツイッター上で公共情報、趣味・娯楽情報、友人・知人情報をよく読んでいる。このことは、ツイッター上において個人のことを述べるツイートのなかに埋め込まれるようにして様々な「情報」が拡散していることを示唆する。マスメディアが扱う情報は私的生活空間において「会話の通貨」、つまり他者との会話で共有・交換される話題として消費され、そうした情報環境は、今後ますます日常的なものとなっていくだろう。マイヤーズら (Myers et al., 2014) が「情報ネットワークからソーシャルネットワークへ」と述べたのは、ツイッターは「ニュースメディアとソーシャルメディア」という2項対立で理解することが難しく、両者の境界線が溶解した状態にあるという現実である。

「境界線の溶解」を後押しする流れは2015年に顕在化した。5月にはフェイスブックが「インスタントアーティクル」を開始、6月にツイッターでは公式アプリケーション上に「ニュース」タブが組み込まれた。前者はメディア企業サイトの記事がフェイスブック上で読める仕組みで、後者はツイッター上で話題になっているニュースとその関連ツイートをまとめるものである。

　しかし、こうした流れがあったとして、ウェブは「公共圏」たりうるのかという問題は残る。いや、むしろより重要な問題として再提起されるべきだろう。5章で紹介したように、インターネットは高選択性メディア環境であり、そうした環境において娯楽情報を好む人が公共的情報に接触する機会は減少しがちである (Prior, 2005)。この問題に関してインターネットが無条件に高選択性メディア環境であるというわけでなく、例えば Yahoo! JAPAN のようなポータルサイトは娯楽情報を好む人にも政治的知識を獲得する機会を与えているという証拠もある (Kobayashi & Inamasu, 2015)。だが、ツイッターが高選択性メディア環境であることは5章でも確認したように疑いない。通常時の日本語ツイート内容の約6割は娯楽系であったという報告もある (NEC ビッグローブ, 2011)。我々の調査でも5章で示したように、ツイッターでよく読む内容は「趣味に関する情報」や「友人・知人の日常の情報」であり、公共的情報はあまり読まれていない。

　電通PR (2013) によれば、NAVER まとめや2ちゃんねるのまとめサイトなどに代表される「まとめサイト」に掲載された情報を拡散した経験のある人は27.8%となっている。また拡散する情報の区分でも、新聞社サイト (38.0%) や Yahoo! ニュース (34.8%) よりは低いものの、2ちゃんねるのまとめサイト (22.2%) や NAVER まとめ (20.0%) といった「まとめサイト」は一定の位置を占めている。まとめ作成者へのインセンティブ制度を考えると、より多くの人の興味を惹くと期待される娯楽的内容が多く作成されるのは必然であり、それを SNS に流すことで自らも注目されるという「素人による注目獲得の連鎖」があるのは当然の帰結ともいえる。3と4章で指摘した「他者への期待」とそれへの反応にはこのようなものも含まれている。つまり「面白さ」の追求と流通がソーシャルメディア時代の UGM (User Generated Media) の一つの帰結なのである。

　こうした帰結へと牽引してきた存在の一つがウェブサービスのビジネスモデ

ルである。ウェブサービスはしばしば「無料」で利用者に提供されるが、その運営にはコストがかかり、継続的運営には収支の黒字化が必要である。すなわちそのコストは利用者とは別の者に肩代わりされているにすぎない。現状では広告収入が中心的なビジネスモデルである。そのため、まずは広告主が、最終的にはその商品を購買する消費者がコストを肩代わりしている。つまり情報の受け手が情報の作り手に直接的に対価を支払うモデルではない。

　広告というビジネスモデルを展開する上で運営者にとって鍵となるのは利用者の多さである。利用者による会費支払いというビジネスモデルであればサービスや情報の質に利用者であれ、運営者であれ、より敏感になる。ところが広告モデルでは、運営者は多くの利用者を惹きつけることに関心が向かい、それに適した内容を優先するようになり、「無料」ゆえ利用者もそのような内容に妥協する。そして慣れがメディアとしての親しみを持たせ、結果的に公共的情報への接触時間を奪ってゆく可能性も孕む。

　そしてこの問題は、次項で論じる「カスタマイズ可能性」の行く末ともリンクしていく。

2　カスタマイズ可能性と永続的個人化の行く末

　2章では利用動機によって利用者がタイプの異なるネットワークを形成していること、そして5章ではその結果カスタマイズ化された情報を利用者が受信している実態を確認してきた。前項では広告というビジネスモデルが孕む問題点を指摘したが、永続的個人化を基礎としてカスタマイズ化された情報と関連性の深い広告情報が配信されるようになってきているのがウェブサービスにおけるここ5年ほどの急速な動きである。しかも広告に限らず、企業のウェブサイトやスマートフォンアプリでのコンテンツ閲覧、ECサイトでのリピート購入促進といった局面においても個人属性別に異なる内容の情報提供は当たり前のように行われている。

　こうした状況が進展している理由は大きく二つある。第一の理由は、情報提供側の収益向上である。

　フェイスブックがニュースフィードに本格的にコンテンツ推奨アルゴリズムを導入したのは2011年だが、これはニュースフィードで受け取る情報量が増え

すぎ、同時に利用者の関心が限られた一部の他の利用者にしか向かわないからであった (Backstrom et al., 2011)。この導入により企業の発信するコンテンツのニュースフィードでの出現率が低下したが、そのニーズを有料広告へと巧みに誘導し、同社の広告事業は2016年第１四半期に52億ドル以上という規模にまで拡大し、なお成長途上にある。これは特にスマートフォン向けに個人属性情報によってセグメントされる広告を妥当な価格で提供したことによる。つまり広告主から見ても永続的個人化による広告は採算に合うというわけである。ツイッターでも、フォローアカウントやツイート内容を考慮した「プロモツイート」が自動挿入され、個人化広告の流れにツイッターも乗じている。

　第二の理由は、永続的個人化による情報過多緩和である。

　ツイッターにおける情報過多への対処策として2009年にリスト機能が導入され、利用者は一定のアカウントによるツイートを優先的に表示できるようになった。だが、6章で見たように日本においてはリストの利用は既存社交動機との結びつきが強い。すなわち他の動機で利用する者からはツイートが読み飛ばされることが相応にあり、それへの対応が2015年にスマートフォン向け公式アプリに導入された未読ツイートのまとめ機能"While You Were Away"（「ご不在中の出来事」）や、2016年に実装された「重要な新着ツイートをトップに表示」機能であろう。

　フェイスブックでのコンテンツ推奨アルゴリズム導入以来、ニュースフィードでは機械的に一定数のコンテンツが間引かれるようになっているが[1]、それによって利用者の離反を招いたということは起きていない。コンテンツが間引かれていることを知らない利用者も15億人の中には相当数いるだろうが、いずれにせよ機能としては許容の範囲にある。翻ってツイッターのタイムラインでは現在のところ、コンテンツの間引きは起きていない。けれども"While You Were Away"以降の機能では、「時間」以外の要素でコンテンツの序列がアルゴリズムによってつけられたことで、利用者の情報接触行動は今後変わっていくのかもしれない。つまり情報過多の問題を緩和する上で、システムによる情報選別を行うことは妥当な解の一つとなっている。

　けれどもこのような利用者の「疲れ」の緩和とのトレードオフとして、次のような問題も招来する。それは利用者にとって「必要な」情報をシステムが選別することの功罪である。有用と判定されなかった情報を間引くにせよ、逆に

有用と判定された情報を追加するにせよ、情報の選別は行われている。こうした情報の選別は主に利用者の「選好」にもとづいて行われ、見たい物しか表示されないという情報環境が実現し、結果として接触情報の偏りを生み出す懸念がある。パリサー（Pariser, 2011　井口訳, 2012）はこれを情報フィルターによって閉ざされたシャボン玉という意味で「フィルターバブル」と呼んだ。ここで生じうる偏りは「フィルターバブル」で想定されている意見レベルのものだけでなく、内容（ジャンル）レベルのものまでありうる。前項で述べたように、趣味・娯楽情報や「面白さ」を狙った情報の流通量が多く、公共情報と比べてもそれらが好まれるため、全体としてそうした方向へと偏っていく可能性は十分にある[2]。

　ウェブサービスによって提供される機能やユーザーインターフェイス（UI）のある部分はビジネスモデルによって規定され、それらの機能やUIが情報内容や利用者体験、コミュニケーション様式を、さらには文化の形成や社会システムにも影響力を持ちうる。こうした循環的構図を私たちは理解する必要がある。とりわけウェブサービスは同じくデジタル化されているテレビと比べても技術の可変性が高く、サービス設計者が利用者の行動データによって機能やUIを素早く変更することが可能で、この点が今までのメディアとの違いである。つまりメディア研究者には利用者の意識や行動のみならず、それとビジネスモデル、さらにはテクノロジーとの関係性への目配せも求められるわけである。

　この三つの関係性への目配せは、アカデミアに閉じたものであってはならない。それは誰もが考え、そして実践すべき今日的なメディアリテラシーの問題でもある。

　スンダーとマラーテ（Sundar & Marathe, 2010）によれば、利用者が自分のニーズに合わせて情報環境を構成した結果として得られる情報に対する評価は、メディア技術利用スキルの低い者で低く、高い者で高い。一方で、利用者に関する情報を元にシステムが自動的に情報選別したときの結果として得られる情報に対する評価は、スキルの低い者で高く、高い者で低い。後者のケースが前述のパリサー（Pariser, 2011　井口訳, 2012）が懸念する「フィルターバブル」に当たる。この結果は、こうした事態を「問題」として認識する層と、利便性の面から高い評価を与えて「問題」とは認識しない層とが分離していく可能性が

あることを示している。だとすれば、人びとが構成するネットメディアにおける情報環境の差異が技術利用スキルの差異とあいまって、格差がこれまで以上に生み出されることは十分に起こりうる。

3　ネットワーク化された個人主義と新しいデジタルデバイド

　インターネット普及期において「デジタルデバイド」、すなわちインターネット接続の有無による格差が盛んに議論された (Norris, 2001；木村, 2001)。初期オンラインコミュニケーション研究が対象としていたのは、オンライン環境を「持つ者」であり、それはデジタルデバイド論で「持たざる者」と対比される存在であった。しかし、現在の日本ではインターネット人口普及率が82.8％に達し (総務省, 2015)、多くがオンライン環境を「持つ者」となった。この「持つ者」の率はイノヴェーション普及過程の採用者カテゴリーでいえば「後期多数採用者」のカテゴリーまで含まれる (Rogers, 2003　三藤訳, 2007)。

　今や、オンラインコミュニケーションは日常の風景となった。こうしてかつての「持つ者」と「持たざる者」の格差は失われたかのようにみえる。だが、「持つ者」の中における格差、つまりオンラインスキルの格差 (Hargittai, 2002) が顕著になってきた。ウェブを有効に利用できるスキルを持った層と持たない層の格差である。日本では世界に先行して携帯電話からのインターネット利用が普及したことで多くの人々がインターネットへのアクセス手段を「持つ者」となった一方で、「携帯デバイド」(小林・池田, 2005) が指摘されていた。誰もがインターネット、ウェブを利用するようになったことで、ウェブの使い方そのものだけでなくアクセスデバイスの選択も含めて、インターネット、ウェブの活用スキルに格差が生じている。

　こうした格差はオフライン世界における格差と連動する可能性がある。本書ではオンラインネットワークに関する論点の一つとして情報か、交流かという次元を取り上げた。可塑性の高いコミュニケーション技術はそのどちらの利用も可能とするために、「情報」的側面、「交流」的側面の双方において格差拡大の可能性がある。

　「情報」的側面における格差についてはマスメディア論における「知識ギャップ」仮説が参考になる。この仮説によれば、マスメディアへの接触は社会経済

的地位と連動することで社会的知識の格差拡大効果をもつことは概ね否定できない（Viswanath & Finnegan, 1996）。現在のウェブにおけるトレンドとなっている永続的個人化の仕組みは個人の選択とそれを促進する推薦システムの仕組みにより、高選択的メディア環境としての性質が強調されたものであるだろう。そして、娯楽への傾斜が進めば、ウェブの「有効」利用においても社会経済的地位と連動することによる格差拡大効果が生じていく可能性は否定できない。

　「交流」的側面における友人数や社会的地位がもたらす格差拡大効果については、「インターネットパラドクス」の再検討から提示された「The rich get richer」仮説が思い起こされるだろう。すなわち、オフライン世界での社交性の高低やそのスキルによる格差はインターネット利用によってますます拡大するというものである。「交流」によって得られる対人関係は社会関係資本論（Lin, 2001　筒井ほか訳, 2008）で指摘されるように、個人の地位達成とも関わりうる「資源」となる。もちろん、インターネットを利用することによる対人関係の補償の可能性、すなわち「The poor get richer」も成り立ちうる（Zywica & Danowski, 2008）。したがって「交流」的側面においてインターネットが必ずしも格差拡大をもたらすとはいえない。だが、「交流」的側面におけるインターネットの有効利用に関しても、個人のスキルに依存することになっていくことは否めない。

　「ネットワーク化された個人主義」（Rainie & Wellman, 2012）の進展はオンライン世界に限定してもあてはまる。しかもカスタマイズ可能性と永続的個人化が今後も進展していくオンライン環境においては、この概念の重みは増すと考えられる。推薦アルゴリズムによって機械的に受信情報が選別されるならば、アルゴリズムで解析される利用者からの「入力」が鍵となる。また利用者の意志によるカスタマイズであれば、ネットワーキングスキルと方略、紐帯の維持、そして複数の重複するネットワークの調整能力が要求されるだろう。そして、このようなスキルの巧拙、あるいは「ネットワーク化された個人主義」の進展への気づきの有無が新しいデジタルデバイドを生む可能性を持つのである。

4　発信コストの閾値を超えた低下とコンテンツの行く末

　ツイッターはウェブログ（ブログ）との対比によって「マイクロブログ」ま

たは「ミニブログ」と呼ばれる。これは発信（ツイート）に際して長文が要求されず、気楽に発信可能である側面を強調した表現である。3章と4章で示したとおり、「特にない」や「何となく」がツイート理由の頻出語として多く現れたことはそのことと関係が深い。活発な発信はSNSへ人を呼びこむ上での必須条件とも言え、それはビジネス上の要請でもある。他の発信者への反応を「ボタン」一つで可能にする「リツイート」や「お気に入り」、あるいは「いいね！」といった機能も利用者間の相互作用のハードルを下げ、プラットフォームの活性化を図る上での「最適化」であるといえよう。そしてこれは今日のオンライン世界全体のトレンドとも合致するものである。

　かつて「チープ・レボリューション」（Karlgaard, 2005）という言葉があった。これは、ハードウェアやインターネット回線の価格、オープンソース・ソフトウェア普及によるライセンス利用料などのすべてがある閾値を超えて低下したことにより、質的な変化、すなわちウェブサービス開発に代表されるイノヴェーションがどこでも起きるようになったことを指す。これにならえば、利用者による制作・発信コストの閾値を超えた低下によって、いま質的変化が起きていると考えることは可能であろう。

　その変化の一つは、ある種の「クリエイティブ」な才能がウェブ上で見出される機会の拡大である。それをもたらしたのはスマートフォンを含むデバイスの普及に伴う表現者の裾野の広がりである。このことはインターネットの普及初期から指摘されていたことであり、発信コストの閾値を超えた低下が起き、まさに万人が表現者となりうる時代の到来がこの変化を生んでいる。

　だが表現者の裾野の広がりは、オリジナルコンテンツを作成する者のみならず、オリジナルをコピーする者や、オリジナルに対する反響をコンテンツとして制作する者も生み出しており、主流たるビジネスモデルに呼応して、「面白さ」の追求と流通がなされている。発信コスト低下は何気ない自己開示や感情の発露を、ウェブ上に大量に出現させることにもつながっており、それが発信者にとってカタルシス効果を持つこともある。また「腹立たしさ」「疲れ」「悲しみ」を表現したツイートが読み手を想定されないままに発信される傾向もある。つまりもうひとつの質的変化として、情報過多がどこでも起きつつある。

　こうした問題に対する技術的な解決方法は日々研究開発が進められており、サービス提供者側が解決してくれる可能性は十分にある。だが、それが娯楽情

報への傾斜、「フィルターバブル」、そして新たなデバイドといった問題とも関係するならば、インターネットの持つ「カスタマイズ可能性」の行く末と同程度に、その「発信可能性」の行く末にも私たちは注視すべきである。

5　オフライン世界と切り離されたオンライン世界の意義

　最後に、ソーシャルメディア時代のオンライン世界とオフライン世界の関係を述べて、本書を終えることにしよう。
　利用人口の増加とともにインターネット上のコミュニケーションサービスには様々なものが登場しているが、それらをプライベート―パブリックの次元で整理する。「プライベート」とは特定の他者にしか情報が届かない程度、「パブリック」とは不特定多数の他者に閲覧される程度である。ツイッターはダイレクトメッセージ機能、フェイスブックはメッセンジャー機能など、プライベート性の高いコミュニケーション機能も内包するが、「リツイート」や「シェア」機能の存在もあり、全体としては不特定多数の他者に届きうるコミュニケーションを実現させる。
　こうしたパブリック性の高いコミュニケーションサービスにはオフライン世界との重複度の高いものと、オフライン世界とは独立したものとがある。ツイッターはそのどちらをも含むシステムであり、両方が一つのサービス上で実現している。ツイートが想定外に拡がり大きな波紋を引き起こすケースは、投稿者がツイッターのパブリック性の高さに意識が向いていなかったことに起因する部分が大きいと考えられる。こうしたトラブルの回避策として、アカウントを非公開にする方法がありうるが、そうした運用は自分のオフライン世界以外に向けたコミュニケーション活動に大きな機会損失をもたらしている。偶有的関心によるオンライン世界での出会いはすべてが炎上となる訳ではない。
　現在のウェブサービスで圧倒的存在であるフェイスブックは、パブリック的サービスで、オフライン世界との重複度が高い。創業者であるマーク・ザッカーバーグの「2種類のアイデンティティを持つことは、不誠実さの見本だ」という発言に象徴されるように、利用者に対して単一のアイデンティティを求め、透明性の高い、隠し事のできないコミュニケーションを要求する。
　この考え方に反論を唱える人もいる。そもそも人は状況に合わせて他者に見

せる「自己」を変化させる存在であり、レイニーとウェルマン（Rainie & Wellman, 2012）はそうした自己を「ネットワーク化された自己」と呼んだ。古くは E. ゴッフマン（Goffman, 1959　石黒訳, 1974）が人々はそのときどきの社会的文脈の理解にもとづいて自己呈示を行うと論じた。ボイド（boyd, 2014　野中訳, 2014）はネットワーク化された環境においてそうした社会的文脈が衝突し、印象管理が困難になってきていることを指摘する。2章ではオフラインの文脈とは切り離されたネットワークをツイッター上で構築している利用者は、活発にツイートすることを確認したが、社会的文脈の衝突や崩壊を避けるためにも、オフライン世界と切り離されたオンラインでの自己表現と相互作用を実現するためにも、オンラインコミュニケーションサービスやアカウントの使い分けに対する欲求は残り続けるだろう。

　インターネット利用が日常生活に広まっている以上、オンライン世界はオフライン世界に組み込まれているという見方もある。だがツイッターでも見られるような、オフライン世界と切り離されたオンライン世界でのコミュニケーション活動は残存しうる。その影響や社会的意味には今後も注目する必要があろう。

注
1） 2015年7月に自動的に間引かれているコンテンツの投稿者などを手動で閲覧優先度の高い友人として登録することができるようになった。
2） バクシーら（Bakshy et al., 2015）によれば、2014年7月7日から2015年1月7日の6ヶ月に米国のフェイスブック利用者がフェイスブックで共有した約700万の URL を「ハードコンテンツ」（国内ニュース、政治、世界情勢・国際問題など）と「ソフトコンテンツ」（スポーツ、娯楽、旅行など）に分類すると、全体の約87％がソフトコンテンツであったという。

文　献

- Adams, P. (2011). *Grouped: How small groups of friends are the key to influence on the social web*. Berkeley, CA: New Riders.［小林啓倫（訳）(2012). ウェブはグループで進化する：ソーシャルウェブ時代の情報伝達の鍵を握るのは「親しい仲間」日経BP社］
- Alphabet Inc. (2016). Alphabet Announces First Quarter 2016 Results. https://abc.xyz/investor/news/learnings/2016/Q1_alphabet_earnings/index.html（2016年5月6日）
- 安藤健二（2016）. Twitter が国内ユーザー数を初公表「増加率は世界一」. *The Huffington Post*. http://www.huffingtonpost.jp/2016/02/18/twitter-japan_n_9260630.html（2016年4月24日）
- Anger, I., & Kittl, C. (2011). Measuring influence on Twitter. *Proceedings of i-KNOW '11*, Article No. 31.
- Backstrom, L., Bakshy, E., Kleinberg, J. M., Lento, T. M., & Rosenn, I. (2011). Center of Attention: How Facebook Users Allocate Attention across Friends. *Proceedings of International Conference on Web and Social Media-11 AAAI*, 34-41.
- Bakshy, E., Hofman, J. M., Mason, W. A., & Watts, D. J. (2011). Everyone's an influencer: quantifying influence on twitter. *Proceedings of The Fourth ACM International Conference on Web Search and Data Mining*, 65-74.
- Bakshy, E., Messing, S., & Adamic, L. A. (2015). Exposure to ideologically diverse news and opinion on Facebook. *Science*, 348 (6239), 1130-1132.
- Bampo, M., Ewing, M. T., Mather, D. R., Stewart, D., & Wallace, M. (2008). The effects of the social structure of digital networks on viral marketing performance. *Information Systems Research*, 19（3）, 273-290.
- Barabási, A. L. (2002). *Linked: How everything is connected to everything else and what it means*. New York; Plume Editors.［青木薫（訳）(2002). 新ネットワーク思考：世界のしくみを読み解く　NHK出版］
- Bott, E. (1955). Urban families: Conjugal roles and social networks. *Human Relations*, 8, 345-384.
- Bott, E. (1971). *Family and Social Network: Roles, Norms, and External Relationships in Ordinary Urban Families*, Second ed. New York: Free Press.
- boyd, d. (2008). Why youth (heart) social network sites: The role of networked publics in teenage social life. In D.Buckingham (Ed.), *Youth, identity, and digital media*. Cambridge: MIT Press. pp. 119-142.
- boyd, d. (2014). *It's complicated: The social lives of networked teens*. New Haven: Yale University Press.［野中モモ（訳）(2014). つながりっぱなしの日常を生きる：ソーシャルメディアが若者にもたらしたもの　草思社］
- boyd, d. m. & Ellison, N. B. (2007). Social Network Sites: Definition, History, and Scholarship. *Journal of Computer-Mediated Communication*, 13, 210-230.
- boyd, d., Golder, S., & Lotan, G. (2010). Tweet, tweet, retweet: Conversational aspects of retweeting on twitter. *Proceedings of The 43rd Hawaii International Conference on System Sciences (HICSS) IEEE*, 1-10.
- Cha, M., Haddadi, H., Benevenuto, F., & Gummadi, P. K. (2010). Measuring User Influence in Twitter: The Million Follower Fallacy. *Proceedings of International Conference on Web and Social Media-10 AAAI*, 10-17.
- Cha, M., Mislove, A., & Gummadi, K. P. (2009). A measurement-driven analysis of information propagation in the flickr social network. *Proceedings of the 18th international conference on World*

Wide Web, 721-730.
- Chen, G. M. (2011). Tweet this: A uses and gratifications perspective on how active Twitter use gratifies a need to connect with others. *Computers in Human Behavior*, 27 (2), 755-762.
- Cheng, J., Sun, A., & Zeng, D. (2010). Information overload and viral marketing: countermeasures and strategies. In Chai, S. K., Salerno, J. & Mabry, P. L., (Eds.), *Advances in Social Computing*. Springer. pp. 108-117.
- Chu, S. C., & Kim, Y. (2011). Determinants of consumer engagement in electronic word-of-mouth (eWOM) in social networking sites. *International Journal of Advertising*, 30 (1), 47-75.
- Coleman, J. S. (1987). Norms as social capital. In Radnitzky, G., & Bernholz, P. (Eds.), *Economic Imperialism*. Paragon. pp. 133-155.
- Conover, M., Ratkiewicz, J., Francisco, M., Gonçalves, B., Menczer, F., & Flammini, A. (2011). Political polarization on twitter. *Proceedings of the 5 th International Conference on Weblogs and Social Media*, 89-96.
- Coursaris, K., Van Osch, W., Sung, J., & Yun, Y. (2013). Disentangling Twitter's adoption and use (dis) continuance: A theoretical and empirical amalgamation of uses and gratifications and diffusion of innovations. *AIS Transactions on Human-Computer Interaction*, 5 (1), 57-83.
- de Bruyn, A., & Lilien, G. L. (2008). A multi-stage model of word-of-mouth influence through viral marketing. *International Journal of Research in Marketing*, 25 (3), 151-163.
- 電通 (2016). 2015年 日本の広告費 http://www.dentsu.co.jp/knowledge/ad_cost/2015/ (2016年5月6日)
- 電通 PR (2013). インターネット上の情報拡散を把握する「情報流通構造調査」資料／図表編. http://www.dentsu-pr.co.jp/wp-content/themes/dpr_themes/release/20130906_data.pdf (2015年7月20日)
- 土井隆義 (2008). 友だち地獄　ちくま新書
- Dunbar, R. (2010). *How many friends does one person need?: Dunbar's number and other evolutionary quirks*. Faber & Faber. [藤井留美 (訳) (2011). 友達の数は何人？：ダンバー数とつながりの進化心理学　インターシフト]
- Ellison, N. B., & boyd, d. (2013). Sociality through social network sites. In W.H. Dutton (Ed.), *The Oxford Handbook of Internet Studies*. Oxford: Oxford University Press, pp.151-172.
- Ellison, N. B., Steinfield, C., & Lampe, C. (2007). The benefits of Facebook "friends:" Social capital and college students' use of online social network sites. *Journal of Computer-Mediated Communication*, 12 (4), 1143-1168.
- Eltantawy, N., & Wiest, J. B. (2011). Social Media in the Egyptian Revolution: Reconsidering Resource Mobilization Theory. *International Journal of Communication*, 5, 1207-1224.
- Eppler, M. J., & Mengis, J. (2004). The concept of information overload: A review of literature from organization science, accounting, marketing, MIS, and related disciplines. *The Information Society*, 20 (5), 325-344.
- Facebook. (2006). Share Is Everywhere. *Notes by Facebook*. https://www.facebook.com/notes/facebook/share-is-everywhere/2215537130 (2015年7月2日)
- Facebook. (2016). Facebook Reports First Quarter 2016 Results and Announces Proposal for New Class of stock. *Facebook Investor Relations*. http://investor.fb.cfm/releasedetail.clm?ReleaseID=967167 (2016年5月2日)
- Fagiolo, G., (2007). Clustering in complex directed networks. *Physical Review E*, 76 (2), 026107.
- Ferguson, D. A., & Perse, E. M. (2000). The World Wide Web as a functional alternative to television. *Journal of Broadcasting & Electronic Media*, 44 (2), 155-174.
- Fischer, C. S. (1984). *The urban experience* (2 nd ed.). Mason, OH: Cengage Learning. [松本康・前田

尚子（訳）（1996）．都市的体験：都市生活の社会心理学　未来社］
- Gans, H. (1962). Urbanism and suburbanism as ways of life: A re-evaluation of definitions. In Rose A. M. (Ed.), *Human behavior and social process: An interactionist approach*. Boston: Houghton Mifflin. pp.625-648.
- Garcia-Gavilanes, R., Quercia, D., & Jaimes, A. (2013). Cultural dimensions in Twitter: Time, individualism and power. *Proceedings of the Seventh International AAAI Conference on Weblogs and Social Media*, 195-204.
- Glott, R., Schmidt, P., & Ghosh, R. (2010). Wikipedia survey-overview of results. http://www.ris.org/uploadi/editor/1305050082Wikipedia_Overview_15March2010-FINAL.pdf（2015年6月25日）
- Goffman, E. (1959). *The Presentation of Self in Everyday Life*. New York, NY: Doubleday. ［石黒毅（訳）（1974）．行為と演技：日常生活における自己呈示　誠信書房］
- Goffman, E. (1963). *Behavior in Public Places: Notes on the Social Organization of Gatherings*. Free Press. ［丸木恵祐・本名信行（訳）（1980）．集まりの構造：新しい日常行動論を求めて　誠信書房］
- Gomez-Rodriguez, M., Gummadi, K., & Schoelkopf, B. (2014). Quantifying information overload in social media and its impact on social contagions. *Proceedings of the 8th International AAAI Conference on Weblogs and Social Media*, 170-179.
- Granovetter, M. (1973). The strength of weak ties. *American Journal of Sociology*, 78（6）, 1360-1380. ［大岡栄美（訳），「弱い紐帯の強さ」．野沢慎司（編・監訳）（2006）．リーディングス　ネットワーク論：家族・コミュニティ・社会関係資本　勁草書房 pp.123-154］
- Grineva, M., & Grinev, M. (2012). Information overload in social media streams and the approaches to solve it. *Proceedings of the 21st International Conference on World Wide Web, Web Science Track paper*.
- Gross, B. M. (1964). *The Managing of Organizations: The Administrative Struggle*. Free Press of Glencoe.
- 南風原朝和（2014）．続・心理統計学の基礎　有斐閣
- Haksever, A. M., & Fisher, N. (1996). A method of measuring information overload in construction project management. *Proceedings of CIB W89 Beijing International Conference*, 310-323.
- Hargittai, E. (2002). Second-Level Digital Divide: Differences in People's Online Skills. *First Monday*, 7（4）. Doi: 10.5210/fm.v7i4.942
- Hargreaves, J. (2010). The Fire Hose, Ideas, and 'Topology of Influence'. *Edelman digital*. http://www.edelmandigital.com/2010/06/24/the-fire-hose-ideas-and-topology-of-influence/ （2015年7月2日）
- Hars, A. & Ou, S. (2002). Working for free? Motivations for participating in Open-Source projects. *International Journal of Electronic Commerce*, 6, 25-39.
- 橋元良明（編）（2011）．日本人の情報行動2010　東京大学出版会
- Hertel, G., Niedner, S., & Herrmann, S. (2003). Motivation of software developers in Open Source projects: an Internet-based survey of contributors to the Linux kernel. *Research Policy*, 32（7）, 1159-1177.
- 樋口耕一（2014）．社会調査のための計量テキスト分析：内容分析の継承と発展を目指して　ナカニシヤ出版
- Hodas, N. O., Kooti, F., & Lerman, K. (2013). Friendship Paradox Redux: Your Friends Are More Interesting Than You. *Proceedings of International Conference on Web and Social Media-13 AAAI*, 8-10.
- Hodas, N. O., & Lerman, K. (2012). How visibility and divided attention constrain social contagion. *Privacy, Security, Risk and Trust (PASSAT), 2012 International Conference on and 2012 International Conference on Social Computing*, 249-257.

- Hodas, N. O., & Lerman, K. (2014). The simple rules of social contagion. *Scientific Reports*, 4, 4343.
- Hong, L., Convertino, G., & Chi, E. H. (2011). Language Matters In Twitter: A Large Scale Study. *Proceedings of the Fifth International AAAI Conference on Weblogs and Social Media*, 518-521.
- 池田謙一（1988）.「限定効果論」と「利用と満足研究」の今日的展開をめざして：情報行動論の観点から　新聞学評論, 37, 25-49.
- 池田謙一（1997）. ネットワーキング・コミュニティ　東京大学出版会
- 池田謙一（2000）. コミュニケーション　東京大学出版会
- 池田謙一（2005）. インターネット・コミュニティと日常世界　誠信書房
- 池田謙一・柴内康文（1997）. カスタマイズ・メディアと情報の「爆発」. 池田謙一（編）ネットワーキング・コミュニティ　東京大学出版会　pp.26-51.
- Ishii, K. (2008). Uses and gratifications of online communities in Japan. *Observatorio* (*OBS**) *Journal*, 2（3）25-37.
- 石井健一（2011）.「強いつながり」と「弱いつながり」のSNS：個人情報の開示と対人関係の比較　情報通信学会誌, 29（3）, 25-36.
- Jahr, M. (2016). Never miss important Tweets from people you follow. *Twitter Blogs*. https://blog.twitter.com/2016/never-miss-important-tweets-from-people-you-follow（2016年5月2日）
- Jansen, B. J., Zhang, M., Sobel, K., & Chowdury, A. (2009). Twitter power: Tweets as electronic word of mouth. *Journal of the American Society for Information Science and Technology*, 60（11）, 2169-2188.
- Java, A., Song, X., Finin, T., & Tseng, B. (2007). Why we twitter: Understanding microblogging usage and communities. *Proceedings of The 9th Web KDD and 1st SNA-KDD Workshop on Web Mining and Social Network Analysis*, 56-65.
- Johnson, P. R., & Yang, S. (2009). Uses and gratifications of Twitter: An examination of user motives and satisfaction of Twitter use. *Paper presented at Communication Technology Division of the Annual Convention of the Association for Education in Journalism and Mass Communication*.
- Joinson, A.N. (2003). *Understanding the psychology of internet behaviour. Virtual worlds, real lives.* New York, NY: Palgrave Macmillan.〔三浦麻子・畦地真太郎・田中敦訳（2004）. インターネットにおける行動と心理　北大路書房〕
- 神嶌敏弘（2007）. 推薦システムのアルゴリズム（1）. 人工知能学会誌, 22（6）, 826-837.
- Kaplan, A. M., & Haenlein, M. (2010). Users of the world, unite! The challenges and opportunities of Social Media. *Business Horizons*, 53（1）, 59-68.
- Karlgaard, R. (2005). Cheap Revolution, Part Six. *Forbes*. http://www.forbes.com/forbes/2005/1017/039.html（2015年7月20日）
- 柏原勤（2011）. Twitter の利用動機と利用頻度の関連性：「利用と満足」研究アプローチからの検討　慶應義塾大学大学院社会学研究科紀要　社会学・心理学・教育学：人間と社会の探究, 72, 89-107.
- 河井孝仁・藤代裕之（2013）. 東日本大震災の災害情報における Twitter の利用分析　広報研究, 17, 118-128.
- 川上善郎・川浦康至・池田謙一・古川良治（1993）. 電子ネットワーキングの社会心理　誠信書房
- 川本勝（1990）. メディア構造の変動と社会生活　竹内郁郎・児島和人・川本勝（編）ニューメディアと社会生活　東京大学出版会　pp.3-19.
- 川浦康至（2005）. ウェブログの社会心理学　山下清美・川浦康至・川上善郎・三浦麻子　ウェブログの心理学　NTT出版　pp.69-100.
- 木村大治（2003）. 共在感覚：アフリカの二つの社会における言語的相互行為から　京都大学学術出版会
- 木村大治（2011）. つながることと切ること：コンゴ民主共和国、ボンガンドの声の世界　2011年度海外学術調査フォーラムプログラム http://www.aa.tufs.ac.jp/~gisr/forum/2011/ws02_kimura.pdf（2015年6月25日）

- 木村忠正（2001）．デジタルデバイドとは何か：コンセンサス・コミュニティをめざして　岩波書店
- 木村忠正（2012）．デジタルネイティブの時代　平凡社
- Kitamura, S. (2013). The Relationship Between Use of the Internet and Traditional Information Sources. *SAGE Open*, 3（2）, 2158244013489690.
- 北村智（2014）．ソーシャルメディアにおける情報環境の構成と消費者情報行動の関連に関する研究　平成25年度吉田秀雄記念事業財団助成研究報告書
- Kivran-Swaine, F., Govindan, P., & Naaman, M. (2011). The impact of network structure on breaking ties in online social networks: unfollowing on twitter. *Proceedings of the SIGCHI Conference on Human Factors in Computing Systems*, 1101-1104.
- Klein L. R., & Ford G. T. (2003). Consumer search for information in the digital age: An empirical study of prepurchase search for automobiles. *Journal of Interactive Marketing*, 17, 29-49.
- Kobayashi, T. (2010). Bridging social capital in online communities: Heterogeneity and social tolerance of online game players in Japan. *Human Communication Research*, 36（4）, 546-569.
- 小林哲郎（2012）．ソーシャルメディアと分断化する社会的リアリティ　人工知能学会誌, 27（1）, 51-58.
- Kobayashi, T. & Boase, J. (2014). Tele-Cocooning: Mobile Texting and Social Scope. *Journal of Computer-Mediated Communication*, 19, 681-694. doi: 10.1111/jcc4.12064
- 小林哲郎・池田謙一（2005）．もう一つのデバイド：「携帯デバイド」の存在とその帰結　池田謙一（編）インターネット・コミュニティと日常世界　誠信書房　pp.47-84.
- 小林哲郎・池田謙一（2008）．地域オンラインコミュニティと社会関係資本：地域内パーソナル・ネットワークの異質性と社会的寛容性に注目して　情報通信学会誌, 25（3）, 47-58.
- Kobayashi, T., & Inamasu, K. (2015). The Knowledge Leveling Effect of Portal Sites. *Communication Research*, 42（4）, 482-502.
- Kojima, K., & Tokuda, H. (2011). Decentralising attachment: Dynamic structure analysis in Twitter as a flowtype information medium. *Proceedings of the IADIS International Conferences Web Based Communities and Social Media*, 65-72.
- Kollock, P. (1999). The Economies of Online Cooperation: Gifts and Public Goods in Cyberspace. In M. Smith & P. Kollock (Eds.), *Communities in Cyberspace*. London: Routledge. pp. 220-239.
- 小寺敦之（2009）．若者のコミュニケーション空間の展開：SNS『mixi』の利用と満足、および携帯メール利用との関連性　情報通信学会誌, 27（2）, 55-66.
- Kramer, A. D., Guillory, J. E., & Hancock, J. T. (2014). Experimental evidence of massive-scale emotional contagion through social networks. *Proceedings of the National Academy of Sciences*, 111（24）, 8788-8790.
- Krauss, E. S. (2000). *Broadcasting politics in Japan: NHK and television news*. Ithaca, NY: Cornell University Press. ［村松岐夫（監訳）（2006）．NHK vs 日本政治　東洋経済新報社］
- Kraut, R., Kiesler, S., Boneva, B., Cummings, J., Helgeson, V., & Crawford, A. (2002). Internet paradox revisited. *Journal of Social Issues*, 58（1）, 49-74.
- Kraut, R., Patterson, M., Lundmark, V., Kiesler, S., Mukophadhyay, T., & Scherlis, W. (1998). Internet paradox: A social technology that reduces social involvement and psychological well-being? *American Psychologist*, 53（9）, 1017-1031.
- Kumar, R., Novak, J., & Tomkins, A. (2010). Structure and evolution of online social networks. In P. S. Yu, J. Han, & C. Faloutsos (Eds.), *Link mining: models, algorithms, and applications*. New York, NY: Springer New York. pp. 337-357.
- Kwak, H., Chun, H., & Moon, S. (2011). Fragile online relationship: a first look at unfollow dynamics in twitter. *Proceedings of the SIGCHI Conference on Human Factors in Computing Systems*, 1091-1100.

- Kwak, H., Lee, C., Park, H., & Moon, S. (2010). What is Twitter, a social network or a news media? *Proceedings of The 19th International Conference on World Wide Web*, 591-600.
- Kwak, H., Moon, S. B., & Lee, W. (2012). More of a Receiver Than a Giver: Why Do People Unfollow in Twitter? *Proceedings of International Conference on Web and Social Media-12 AAAI*, 499-502.
- Laumer, S., Maier, C., & Weinert, C. (2013). The negative side of ICT-enabled communication: The case of social interaction overload in online social networks. *Proceedings of The 21st European Conferenceon Information Systems (ECIS)*. Completed Research Paper 86.
- Lazarsfeld, P. F., Berelson, B., & Gaudet, H. (1968). *The people's choice: How the voter makes up his mind in a presidential campaign* (3rd Edition). New York, NY: Columbia University Press. 〔有吉広介（監訳）(1987). ピープルズ・チョイス：アメリカ人と大統領選挙　芦書房〕
- Lee, E. J., & Oh, S. Y. (2013). Seek and you shall find? How need for orientation moderates knowledge gain from Twitter use. *Journal of Communication*, 63（4）, 745-765.
- Lee, M., & Youn, S. (2009). Electronic word of mouth (eWOM) How eWOM platforms influence consumer product judgement. *International Journal of Advertising*, 28（3）, 473-499.
- Levine, R. N. (1998). *A Geography of Time: On Tempo, Culture, and the Pace of Life*. New York: Basic Books.
- Li, P., Li, W., Wang, H., & Zhang, X. (2014). Modeling of information diffusion in Twitter-like social networks under information overload. *The Scientific World Journal*, 2014, Article ID 914907.
- Li, X. (Ed.). (2006). *Internet Newspapers: The making of a mainstream medium*. Mahwah, NJ: Lawrence Erlbaum Associates.
- Lim, M. (2012). Clicks, cabs, and coffee houses: Social media and oppositional movements in Egypt, 2004-2011. *Journal of Communication*, 62（2）, 231-248.
- Lin, N. (2001). *Social capital: A theory of social structure and action*. Cambridge: Cambridge University Press. 〔筒井淳也・石田光規・桜井政成・三輪哲・土岐智賀子訳（2008). ソーシャル・キャピタル：社会構造と行為の理論　ミネルヴァ書房〕
- Loeb, S. & Panagos, E. (2011). Information filtering and personalization: Context, serendipity and group profile effects. *Proceedings of the Consumer Communications and Networking Conference (CCNC)*, 393-398.
- Loibl C., Cho S. H., Diekmann F., & Batte M. T. (2009). Consumer self-confidence in searching for information. *Journal of Consumer Affairs*, 43, 26-55.
- 丸井淳己・加藤幹生・松尾豊・安田雪（2010). mixi のネットワーク分析　情報処理学会全国大会講演論文集, 72（2）, 553-554.
- McKenna, K. Y., & Bargh, J. A. (1998). Coming out in the age of the Internet: Identity "demarginalization" through virtual group participation. *Journal of Personality & Social Psychology*, 75（3）, 681-694.
- Mehdizadeh, S. (2010). Self-presentation 2.0: Narcissism and self-esteem on Facebook. *Cyberpsychology, Behavior, and Social Networking*, 13（4）, 357-364.
- Merton, R. K. (1968). The Matthew Effect in Science. *Science*, 159（3810）, 56-63.
- 三浦麻子（2005). ウェブログの現在と未来　山下清美・川浦康至・川上善郎・三浦麻子　ウェブログの心理学　NTT 出版　pp. 101-137.
- 三浦麻子・小森政嗣・松村真宏・前田和甫（2015). 東日本大震災時のネガティブ感情反応表出：大規模データによる検討　心理学研究, 86（2）, 102-111. DOI: 10.4992/jjpsy.86.13076
- 三浦麻子・松村真宏・北山聡（2008). ブログにおける作者の指向性と内容・コミュニケーションとの関連　心理学研究, 79（5）, 446-452.
- Miura, A., & Yamashita, K. (2007). Psychological and social influences on blog writing: An online

survey of blog authors in Japan. *Journal of Computer-Mediated Communication*, 12（4）, 1452-1471. DOI: 10.1111/j.1083-6101.2007.00381.x
・宮田加久子（2005）．きずなをつなぐメディア：ネット時代の社会関係資本　NTT 出版
・水越伸（1993）．メディアの生成　同文舘出版
・水越伸（2011）．21世紀メディア論　放送大学教育振興会
・Mocanu, D., Baronchelli, A., Perra, N., Gonçalves, B., Zhang, Q., & Vespignani, A. (2013). The Twitter of Babel: Mapping world languages through microblogging platforms. *PloS ONE*, 8（4）, e61981.
・Morris, M., & Ogan, C. (1996). The Internet as mass medium. *Journal of Computer-Mediated Communication*, 1（4）. DOI: 10.1111/j.1083-6101.1996.tb00174.x
・Myers, S. A., Sharma, A., Gupta, P., & Lin, J. (2014). Information network or social network?: the structure of the twitter follow graph. *Proceedings of The 23rd International Conference on World Wide Web*, 493-498.
・Naaman, M., Boase, J., & Lai, C. H. (2010). Is it really about me?: message content in social awareness streams. *Proceedings of the 2010 ACM conference on Computer Supported Cooperative Work*, 189-192.
・Nardi, B. A., Schiano, D. J., & Gumbrecht, M. (2004a). Blogging as social activity, or, would you let 900 million people read your diary? *Proceedings of the 2004 Conference on Computer Supported Cooperative Work*, 222-231.
・Nardi, B. A., Schiano, D. J., Gumbrecht, M., & Swartz, L. (2004b). Why we blog. *Communications of the ACM*, 47（12）, 41-46.
・Naveed, N., Gottron, T., Kunegis, J., & Alhadi, A. C. (2011). Bad news travel fast: A content-based analysis of interestingness on twitter. *Proceedings of The 3 rd International Web Science Conference*, Article 8.
・NEC ビッグローブ（2011）．東日本大震災におけるツイッターの利用状況について：新たな情報摂取・共有スタイルの定着　NEC ビッグローブ　http://www.biglobe.co.jp/pressroom/release/2011/04/27-1　(2015年7月10日)
・Neubig, G., & Duh, K. (2013). How Much Is Said in a Tweet? A Multilingual, Information-theoretic Perspective. *Proceedings of the AAAI Spring Symposium on Analyzing Microtext*, 32-39.
・西村賢（2008）．東京が投稿数1位、Twitter 日本語版開始 .@IT. http://www.atmarkit.co.jp/news/200804/23/twit.html（2015年7月3日）
・Norris, P. (2001). *Digital divide: Civic engagement, information poverty, and the Internet worldwide*. Cambridge University Press.
・小笠原盛浩（2006）．オンラインコミュニティ類型を用いた利用と満足分析：日韓学生データを用いた利用行動の探索的研究　日本社会情報学会学会誌, 18（2）, 21-37.
・小川祐樹・山本仁志・宮田加久子（2014）．Twitter における意見の多数派認知とパーソナルネットワークの同質性が発言に与える影響：原子力発電を争点とした Twitter 上での沈黙の螺旋理論の検証　人工知能学会論文誌, 29（5）, 483-492.
・荻上チキ（2014）．炎上の構造　川上量生（監修）　ネットが生んだ文化　角川インターネット講座4　角川学芸出版　pp. 143-171.
・Okoli, C., Mehdi, M., Mesgari, M., Nielsen, F. A., & Lanamäki, A. (2012). *The people's encyclopedia under the gaze of the sages: A systematic review of scholarly research on Wikipedia*. http://ssrn.com/abstract=2021326　(2015年6月25日)
・奥谷貴史・山名早人（2014）．メンション情報を利用した Twitter ユーザプロフィール推定　日本データベース学会和文論文誌, 13-J（1）, 1-6.

- Ong, J. (2014). Get used to tweets from people you don't follow in your Twitter timeline. It's an official feature. The Next Web. http://thenextweb.com/twitter/2014/08/20/get-used-tweets-people-dont-follow-twitter-timeline-now-official-feature/ （2015年7月2日）
- O'Reilly, C. A. (1980). Individuals and information overload in organizations: Is more necessarily better? *Academy of Management Journal*, 23, 684-696.
- O'Reilly, T. (2005). What Is Web 2.0: Design Patterns and Business Models for the Next Generation of Software. http://oreilly.com/web2/archive/what-is-web-20.html （2015年7月2日）［オライリー，T.（2005）．翻訳版 Web 2.0：次世代ソフトウェアのデザインパターンとビジネスモデル］http://japan.cnet.com/sp/column_web20/20090039/ http://japan.cnet.com/sp/column_web20/20090424/ （2015年7月2日）
- 折田明子（2012）．ソーシャルメディアと匿名性．人工知能学会誌，27（1），59-66.
- Page, L., Brin, S., Motwani, R., & Winograd, T. (1998). The PageRank citation ranking: Bringing order to the web. http://ilpubs.stanford.edu:8090/422/1/1999-66.pdf （2015年7月2日）
- Pariser, E. (2011). *The filter bubble: What the Internet is hiding from you*. New York, NY: Penguin. ［井口耕二（訳）（2012）．閉じこもるインターネット：グーグル・パーソナライズ・民主主義　早川書房］
- Park, J., Baek, Y. M., & Cha, M. (2014). Cross-Cultural Comparison of Nonverbal Cues in Emoticons on Twitter: Evidence from Big Data Analysis. *Journal of Communication*, 64（2），333-354.
- Park, N., Kee, K. F., & Valenzuela, S. (2009). Being immersed in social networking environment: Facebook groups, uses and gratifications, and social outcomes. *CyberPsychology & Behavior*, 12(6), 729-733.
- Peer Reach. (2013). 4 ways how Twitter can keep growing. *Peer Reach Blog*. http://blog.peerreach.com/2013/11/4-ways-how-twitter-can-keep-growing/ （2016年2月24日）
- Pennacchiotti, M. & Popescu, A. M. (2011). Democrats, Republicans and Starbucks Aficionados: User Classification in Twitter. *Proceedings of the 17th International Conference on Knowledge Discovery and Data Mining*, 430-438.
- Pervin, N., Takeda, H., & Toriumi, F. (2014). Factors Affecting Retweetability: An Event-Centric Analysis on Twitter. *Proceedings of International Conference on Information Systems (ICIS 2014)*, General IS Topics, Article 26.
- Peter, J., & Valkenburg, P. M. (2006). Adolescents' internet use: Testing the "disappearing digital divide" versus the "emerging digital differentiation" approach. *Poetics*, 34（4），293-305.
- Poblete, B., Garcia, R., Mendoza, M., & Jaimes, A. (2011). Do all birds tweet the same?: characterizing twitter around the world. *Proceedings of the 20th ACM international Conference on Information and Knowledge Management*, 1025-1030.
- Prior, M. (2005). News vs. entertainment: How increasing media choice widens gaps in political knowledge and turnout. *American Journal of Political Science*, 49（3），577-592.
- Putnam, R. D. (2000). *Bowling alone: The collapse and revival of American community*. New York: Simon and Schuster.［柴内康文訳（2006）．孤独なボウリング：米国コミュニティの崩壊と再生　柏書房］
- Rainie, H., & Wellman, B. (2012). *Networked: The new social operating system*. Cambridge, MA: Mit Press.
- Rogers, E. M. (2003). *Diffusion of innovations*, Fifth edition. New York, NY: Free Press.［三藤利雄（訳）（2007）．イノベーションの普及　翔泳社］
- Rosania, P. (2015). While you are away..., *Twitter Blogs*. https://blog.twitter.com/2015/while-you-were-away-0 （2015年7月2日）
- 笹原和俊（2014）．ソーシャルメディアの複雑系科学．http://www.slideshare.net/soramame0518/ss-35743947 （2015年7月2日）

・Sasahara, K., Hirata, Y., Toyoda, M., Kitsuregawa, M., & Aihara, K. (2013). Quantifying collective attention from tweet stream. *PloS ONE*, 8（4）, e61823. DOI: 10.1371/journal.pone.0061823
・佐々木俊尚（2011）．キュレーションの時代　筑摩書房
・佐々木裕一（2014）．ネットにおける集合性変容の予兆と資本主義：ユーザー生成型メディアの来歴と未来　河島茂生（編）デジタルの際　聖学院大学出版会 pp.33-74．
・佐々木裕一（2016）．商品評価サイトにおける投稿動機と投稿件数規定要因の変化：＠cosme における利用者拡大期前後の比較（2006年と2014年）．コミュニケーション科学, 43, 23-49．
・Sasaki, Y., Kawai, D., & Kitamura, S. (2015). The anatomy of tweet overload: How number of tweets received, number of friends, and egocentric network density affect perceived information overload. *Telematics and Informatics*, 32（4）, 853-861. doi:10.1016/j.tele.2015.04.008
・佐々木裕一・北山聡（2000）．Linux はいかにしてビジネスになったか：コミュニティ・アライアンス戦略　NTT 出版
・Schafer, J. B., Konstan, J. A., & Riedl, J. (2001). E-commerce recommendation applications. In R. Kohavi, & F. Provost (Eds.), *Applications of Data Mining to Electronic Commerce*. New York, NY: Springer US. pp. 115-153.
・Schonfeld, E., (2009). Twitter reaches 44.5 million people worldwide in June (comScore). *Techcrunch*. http://techcrunch.com/2009/08/03/twitter-reaches-445-million-people-worldwide-in-june-comscore（2014年8月27日）
・関谷直也（2012）．東日本大震災とソーシャルメディア．災害情報　日本災害情報学会誌,（10）, 29-36．
・Shaw, D. L., Hamm, B. J., & Terry, T. C. (2006). Vertical Versus Horizontal Media: Using Agenda-Setting and Audience Agenda-Melding to Create Public Information Strategies in the Emerging Papyrus Society. *Military Review*, 86（6）, 13-25.
・Sheng, V. S., Provost, F., & Ipeirotis, P. G. (2008). Get another label? Improving data quality and data mining using multiple, noisy labelers. *Proceedings of The 14th International Conference on Knowledge Discovery and Data Mining* (KDD), 614-622.
・柴内康文（2014）．インターネット行動研究の新展開：情報行動の社会心理学　大坊郁夫・竹村和久（編）社会心理学研究の新展開：社会に生きる人々の心理と行動　北大路書房　pp.40-53．
・志村誠（2005）．ウェブ日記・ウェブログによるパーソナルネットワークの広がり　池田謙一（編著）インターネット・コミュニティと日常世界　誠信書房 pp.87-111．
・Simon, H. A. (1971). Designing organizations for an information-rich world, In Greenberger, M. (Ed.), *Computers, Communications, and the Public Interest*, The Johns Hopkins Press. pp. 38-52.
・Smith, C. (2014). Social Media's Big Data Future -- From Deep Learning To Predictive Marketing. *Business Insider*. http://www.businessinsider.com.au/social-medias-big-data-future-from-deep-learning-to-predictive-marketing-2014-2（2015年7月2日）
・Snow, R., O'Connor, B., Jurafsky, D., & Ng, A. Y. (2008). Cheap and fast---but is it good?: evaluating non-expert annotations for natural language tasks. *Proceedings of The Conference on Empirical Methods in Natural Language Processing*, 254-263.
・総務省（2002）．平成14年版　情報通信白書　ぎょうせい
・総務省（2006）．平成18年版　情報通信白書　ぎょうせい
・総務省（2011）．我が国の情報通信市場の実態と情報流通量の計量に関する調査研究結果（情報流通インデックス）http://www.soumu.go.jp/main_content/000124276.pdf（2015年7月2日）
・総務省（2014）．平成25年通信利用動向調査ポイント http://www.soumu.go.jp/johotsusintokei/statistics/data/140627_1.pdf（2015年7月2日）
・総務省（2015）．平成27年版　情報通信白書　ぎょうせい
・総務省情報通信政策研究所（2014）．平成25年　情報通信メディアの利用時間と情報行動に関する調査

- http://www.soumu.go.jp/iicp/chousakenkyu/data/research/survey/telecom/2014/h25mediariyou_3report.pdf（2015年6月25日）
- Stone, B. (2009). There's a List for That. *The Official Twitter Blog.* https://blog.twitter.com/2009/theres-list （2015年7月2日）
- Suh, B., Hong, L., Pirolli, P., & Chi, E. H. (2010). Want to be retweeted? Large scale analytics on factors impacting retweet in twitter network. *Proceedings of The Second International Conference on Social Computing (socialcom),* 177-184.
- Sundar, S. S., & Marathe, S. S. (2010). Personalization versus customization: The importance of agency, privacy, and power usage. *Human Communication Research,* 36（3）, 298-322.
- 鈴木努（2009）．ネットワーク分析　共立出版
- 高比良美詠子（2009）．インターネット利用と精神的健康　三浦麻子・森尾博昭・川浦康至（編著）インターネット心理学のフロンティア：個人・集団・社会　誠信書房 pp.20-58.
- 竹内郁郎（1976）．「利用と満足の研究」の現況　現代社会学, 5, 87-114.
- Taylor, B. (2011). f 8 : A New Class of Apps. *Facebook Developers Blog.* https://developers.facebook.com/blog/post/563/ （2015年7月2日）
- 寺崎正治・岸本陽一・古賀愛人（1992）．多面的感情状態尺度の作成　心理学研究, 62（6）, 350-356.
- Tewksbury, D., & Rittenberg, J. (2012). *News on the Internet: Information and Citizenship in the 21st Century.* New York, NY: Oxford University Press.
- Tinati, R., Carr, L., Hall, W., & Bentwood, J. (2012). Identifying communicator roles in twitter. *Proceedings of the 21st International Conference Companion on World Wide Web,* 1161-1168.
- Toffler, A. (1970). *Future Shock.* New York: Amereon Ltd.［徳山二郎（訳）（1971）．未来の衝撃：激変する社会にどう対応するか　実業之日本社］
- トライバルメディアハウス & クロス・マーケティング（2012）．ソーシャルメディア白書2012　翔泳社
- 東京大学大学院情報学環（編）（2006）．日本人の情報行動2005　東京大学出版会
- 辻大介．(1997)．「マスメディア」としてのインターネット：インターネット利用者調査からの一考察　マス・コミュニケーション研究, (50), 168-181.
- Twitter (2016a). Twitter usage. https://about.twitter.com/company/ （2016年5月6日）
- Twitter (2016b).大切なツイートを見逃さないように：選択できる新しいタイムライン機能　https://blog.twitter.com/ja/2016/timeline（2016年4月26日）
- Ugander, J., Karrer, B., Backstrom, L., & Marlow, C. (2011). *The anatomy of the Facebook social graph.* arXiv preprint arXiv:1111.4503.
- 梅田望夫（2006）．ウェブ進化論　筑摩書房
- Viswanath, K., & Finnegan, J. R., Jr. (1996). The knowledge gap hypothesis: Twenty-five years later. *Communication Yearbook,* 19, 187-227.
- von Krogh, G., Haefliger, S., Spaeth, S., & Wallin, M. W. (2012). Carrots and rainbows: Motivation and social practice in open source software development. *MIS Quarterly,* 36（2）, 649-676.
- Walther, J. B. (1992). Interpersonal effects in computer-mediated interaction a relational perspective. *Communication Research,* 19（1）, 52-90.
- Walther, J. B. (1996). Computer-mediated communication impersonal, interpersonal, and hyperpersonal interaction. *Communication Research,* 23（1）, 3-43.
- Walther, J. B., Anderson, J. F., & Park, D. W. (1994). Interpersonal effects in computer-mediated interaction a meta-analysis of social and antisocial communication. *Communication Research,* 21（4）, 460-487.
- Watanabe, M., & Suzumura, T. (2013). How social network is evolving?: A preliminary study on billion-scale twitter network. *Proceedings of the 22nd International Conference on World Wide Web,*

531-534.
- Watts, D. J. (2003). *Six degrees: The science of a connected age*. New York: W. W. Norton. [辻竜平・友知政樹（訳）(2004). スモールワールド・ネットワーク：世界を知るための新科学的思考法　阪急コミュニケーションズ]
- Watts, D. J. (1999). *Small Worlds*. Princeton: Princeton University Press. [栗原聡・佐藤進也・福田健介（訳）(2006)　スモールワールド：ネットワークの構造とダイナミクス　東京電機大学出版局]
- Watts, D. J., & Strogatz, S. H. (1998). Collective dynamics of 'small-world' networks. *Nature*, 393 (6684), 440-442.
- Weaver, D. H. (1980). Audience need for orientation and media effects. *Communication Research*, 7 (3), 361-373.
- Wellman, B. (1979). The community question: The intimate networks of East Yorkers. *American Journal of Sociology*, 84, 1201-1231.
- Wellman, B., & Leighton, B. (1979). Networks, Neighborhoods, and Communities Approaches to the Study of the Community Question. *Urban Affairs Review*, 14 (3), 363-390.
- Wellman, B., Quan-Haase, A., Boase, J., Chen, W., Hampton, K., Díaz, I., & Miyata, K. (2003). The social affordances of the Internet for networked individualism. *Journal of Computer-Mediated Communication*, 8 (3). DOI: 10.1111/j.1083-6101.2003.tb00216.x
- Weng, J., Lim, E. P., Jiang, J., & He, Q. (2010). Twitterrank: finding topic-sensitive influential twitterers. *Proceedings of The Third International Conference on Web Search and Data Mining*, 261-270.
- Wirth, L. (1938). Urbanism as a Way of Life. *American Journal of Sociology*, 44, 1-24.
- Wu, S., Hofman, J. M., Mason, W. A., & Watts, D. J. (2011). Who says what to whom on twitter. *Proceedings of The 20th International Conference on World Wide Web*, 705-714.
- 山岸俊男（1998）　信頼の構造：こころと社会の進化ゲーム　東京大学出版会
- Yang, H. L., & Lai, C. Y. (2010). Motivations of Wikipedia content contributors. *Computers in Human Behavior*, 26 (6), 1377-1383.
- 矢野経済研究所（2006）．アフィリエイト市場の動向と展望
- 矢野経済研究所（2012）．アフィリエイト市場の動向と展望
- 吉見俊哉（2004）．メディア文化論：メディアを学ぶ人のための15話　有斐閣
- 吉見俊哉・若林幹夫・水越伸（1992）．メディアとしての電話　弘文堂
- 吉次由美（2011）．東日本大震災に見る大災害時のソーシャルメディアの役割：ツイッターを中心に　放送研究と調査, 61 (7), 16-23.
- 郵政省（1999）．平成11年版通信白書　ぎょうせい
- 張永祺・石井健一（2012）．中国のマイクロブログ（微博）における情報伝達の特徴：Twitter日本人利用者との比較　情報通信学会誌, 29 (4), 47-59.
- Zywica, J., & Danowski, J. (2008). The faces of Facebookers: Investigating social enhancement and social compensation hypotheses; predicting Facebook™ and offline popularity from sociability and self‐esteem, and mapping the meanings of popularity with semantic networks. *Journal of Computer-Mediated Communication*, 14 (1), 1-34.

あとがき

　本書を執筆するそもそものきっかけは、北村が2013年に公益財団法人 吉田秀雄記念事業財団から研究助成をいただいたことにある。この研究助成は単独で申し込んだものであったが、2年間のサバティカル帰りで、長くソーシャルメディアに着目している佐々木裕一と、ツイッターのログデータを利用して研究を進めていた河井大介に声をかけて、研究プロジェクトをスタートさせた。

　本書はツイッターを題材としながら、将来のオンライン世界、あるいはそれらを対象とする研究の方向性について論じることを目標とした。本書が議論の呼び水となればうれしく思う。

　研究プロジェクトの開始から3年が過ぎたことで、ツイッターを取り巻く状況も変化した部分が少なくない。ツイッターにも仕様変更や新しい機能のリリースがあった。出版までに可能な限り、注記を加えるなどして対応したが、間に合わなかった部分もある。その点はご容赦願いたい。

　本書の成立は序章でも説明したように、研究助成に負うところが大きい。具体的には、公益財団法人 吉田秀雄記念事業財団 平成25年度研究助成、公益財団法人 電気通信普及財団 平成25年度研究調査助成、東京経済大学学内個人研究助成による支援を受けた。記してここに感謝する。

　また、出版に際してのアドバイスや原稿に対するコメントをくださった東京経済大学コミュニケーション学部川浦康至教授と、本書の担当を引き受けてくださった誠信書房編集部の松山由理子さんにも感謝申し上げる。

2016年5月6日

著者を代表して　北村　智

執筆者紹介

北村　智（きたむら　さとし）
【序章、1章第4節・第5節、2章第1節〜第4節・第6節、5章、終章】
1980年生まれ
2004年　東京大学文学部卒業
2007年　東京大学大学院学際情報学府博士課程中退
現　在　東京経済大学コミュニケーション学部准教授
共著書　『日本人の情報行動2005』東京大学出版会 2006、『日本人の情報行動2010』東京大学出版会 2011、『コミュニケーション学がわかるブックガイド』NTT出版 2014

佐々木　裕一（ささき　ゆういち）
【1章第2節・第3節、3章第1節・第3節〜第7節、4章、6章、終章】
1968年生まれ
1992年　一橋大学社会学部卒業
2009年　慶應義塾大学大学院政策・メディア研究科博士課程修了
現　在　東京経済大学コミュニケーション学部教授
共著書　『シェアウェア』NTT出版 1998、『Linuxはいかにしてビジネスになったか』NTT出版 2000、『デジタル時代の経営戦略』メディアセレクト 2005、『コミュニケーション学がわかるブックガイド』NTT出版 2014、『デジタルの際』聖学院大学出版会 2014

河井　大介（かわい　だいすけ）
【1章第1節、2章第5節、3章第2節】
1979年生まれ
2002年　関西学院大学総合政策学部卒業
2015年　東京大学大学院学際情報学府博士課程単位取得退学
現　在　東京大学大学院情報学環助教

ツイッターの心理学
──情報環境と利用者行動

2016年7月10日　第1刷発行
2018年3月30日　第3刷発行

著　者	北　村　　　智
	佐々木　裕　一
	河　井　大　介
発行者	柴　田　敏　樹
印刷者	藤　森　英　夫

発行所　株式会社　誠信書房
〒112-0012 東京都文京区大塚 3-20-6
電話 03（3946）5666
http://www.seishinshobo.co.jp/

©Satoshi Kitamura, 2016　Printed in Japan
ISBN978-4-414-30008-6 C3011

印刷所／製本所　亜細亜印刷㈱
落丁・乱丁本はお取り替えいたします

|JCOPY| ＜（社）出版者著作権管理機構　委託出版物＞
本書の無断複写は著作権法上での例外を除き禁じられています。複写される場合は、そのつど事前に、（社）出版者著作権管理機構（電話 03-3513-6969, FAX 03-3513-6979, e-mail: info@jcopy.or.jp）の許諾を得てください。

TEMでひろがる社会実装
ライフの充実を支援する

安田裕子・サトウタツヤ 編著

今やTEMは、質的研究法としてひろく用いられるに至っている。外国語学習および教育、看護・保健・介護などの支援の現場に焦点をあてた論文に加え、臨床実践のリフレクションにおける実践的応用の事例を収録。

目次
序章　TEA(複線径路等至性アプローチ)とは何か
第1章　言語を学ぶ・言語を教える
第2章　学び直し・キャリア設計の支援
第3章　援助者・伴走者のレジリエンスとエンパワメント
第4章　臨床実践をリフレクションする
第5章　TEAは文化をどのようにあつかうか──必須通過点との関連で

A5判上製　定価(本体3400円＋税)

人文・社会科学のためのテキストマイニング[改訂新版]

松村真宏・三浦麻子 著

本格的な研究を「分かりやすく」「タダ」で行うことを可能にした画期的な一冊がリニューアル。人文科学系研究者の入門書として最適。

主要目次
第1章　序
第2章　TTMと関連ソフトウェアのインストール
第3章　TTMによるテキストデータの分析
第4章　Rを併用したテキストデータの統計解析
第5章　Rを併用したテキストデータのデータマイニング
第6章　テキストマイニングの応用事例
第7章　テキストマイニングの基盤技術

B5判並製　定価(本体2400円＋税)

自尊心からの解放
幸福をかなえる心理学

新谷 優 著

自尊心を高めれば、幸せになれると信じて、それを追い求めることが本当に幸せをもたらすのかを、社会心理学の実験や自己診断から考察する。

目次
第1章　自尊心って何？
第2章　自尊心の効果と弊害
第3章　自尊心の脆さを軽減する
第4章　学び・成長しようとするのは危険？
第5章　自尊心から解放される
第6章　思いやり目標と自己イメージ目標
第7章　正しい思いやりとは？
第8章　幸せに向かって一歩踏み出す

A5判並製　定価(本体1800円＋税)

批判的思考と市民リテラシー
教育、メディア、社会を変える21世紀型スキル

楠見 孝・道田泰司 編

知識基盤社会の構築に欠かせない批判的思考。本書は、第一線の研究者が自らのフィールドの批判的思考の活用例を解説したテキスト。

主要目次
第Ⅰ部　批判的思考と市民リテラシーの基盤
　第1章　市民のための批判的思考力と市民リテラシーの育成
　第2章　批判的思考の情動論的転回
　第3章　言語なしの推論とその神経基盤
第Ⅱ部　批判的思考と市民リテラシーの教育
　第4章　批判的思考力としての質問力育成
　第5章　大学初年次における批判的思考力の育成／他
第Ⅲ部　社会における批判的思考と市民リテラシー
　第9章　新しい市民リテラシーとしての人口学リテラシー
　第10章　批判的思考と意思決定／他

A5判並製　定価(本体2800円＋税)

心理学のための統計学2
実験心理学のための統計学
t 検定と分散分析

橋本貴充・荘島宏二郎 著

知覚、記憶、学習、感覚、認知、動物、感情に関する実験で必要となる概念を示しつつ、平均値の差を求める実際的な統計手法を示す。

主要目次
第1章　知覚実験（ミュラー・リヤー錯視）
　　　　——対応のあるt検定
第2章　記憶実験（記憶の二重貯蔵モデル）
　　　　——対応のないt検定
第3章　学習実験(学習における結果の知識)
　　　　——実験参加者間1要因分散分析
第4章　感覚実験（触二点閾）
　　　　——実験参加者内1要因分散分析
第5章　認知実験（テスト予告が記憶テストに与える影響）
　　　　——実験参加者間2要因分散分/他

B5判並製　定価(本体2600円＋税)

心理学のための統計学3
社会心理学のための統計学
心理尺度の構成と分析

清水裕士・荘島宏二郎 著

自尊心、対人魅力、関係へのコミットメント等々、社会心理学理論をジャーナル論文に似せたストーリーに盛り込み、各種分析法を解説。

主要目次
第1章　心についての構成概念の測定
　　　　——態度測定法
第2章　対人認知の構造を明らかにする
　　　　——因子分析
第3章　他者への期待や信念の類型化
　　　　——尺度の信頼性と妥当性
第4章　似ている人は好き？——単回帰分析
　　　　臨床実践をリフレクションする
第5章　一緒にいたい気持ちを予測する
　　　　——重回帰分析
第6章　集団への所属意識を予測するものは？
　　　　——準実験と共分散分析 / 他

B5判並製　定価(本体2800円＋税)

心理学叢書 9
心理学の神話をめぐって
信じる心と見抜く心

日本心理学会 監修
邑本俊亮・池田まさみ 編

物事を根拠なく信じる前に考えよう—心理学を通じて「真実を見抜く目」を養う、情報が溢れる社会で、迷子にならないための指南の書。

主要目次
第1章　人間の心のクセを紐解く
第2章　アマラとカマラ
　　　　——オオカミ少女神話の真実
第3章　心理学でウソを見破ることはできるのか？
　　　　——犯罪心理学からのアプローチ
第4章　凶器を持った犯人を記憶しにくいのはなぜか？——目撃研究をめぐる神話
第5章　災害時、人は何を思い、どう行動するのか——パニック神話を検証する
第6章　見抜く心とクリティカルシンキング

A5判並製　定価(本体1800円+税)

心理学叢書11
心理学って何だろうか？
四千人の調査から見える期待と現実

日本心理学会 監修
楠見 孝 編

日本心理学会による大規模調査から見えてきた心理学へのイメージを、第一線の研究者が徹底分析。誤解や偏見を解き、心理学の真実の姿を力説する。

主要目次
第1章　誰もがみんな心理学者？
　　　　——日常生活で役立てるために
第2章　学校の先生に使って欲しい・教えてほしい心理学
第3章　大学ではどんな心理学を教わるの？
　　　　——深く学ぶために
第4章　心理学の卒業論文は社会で役に立つのか？
　　　　——リサーチスキルの現代的意味
第5章　心理学者は誰の心も見透かせるの？
　　　　——学問とニセ科学の違い／他

A5判並製　定価(本体2000円+税)

PRE-SUASION
プリ・スエージョン
影響力と説得のための革命的瞬間

ロバート・チャルディーニ 著
安藤清志 監訳
曽根寛樹 訳

『影響力の武器』の著者、チャルディーニ博士による渾身の書き下ろし。六つの影響力の武器（返報性・行為・権威・社会的証明・希少性・一貫性）に真の威力を与える、第七の武器がついに明かされる。

目次
第1章　下準備（プリ・スエージョン）──はじめに
第2章　特権的瞬間（モーメント）
第3章　注意から生まれる重要性が重要
第4章　注目した対象が原因となる
第5章　注意を操るもの──その1：誘因要素（アトラクター）
第6章　注意を操るもの──その2：磁力要素（マグネタイザー）
第7章　連想の卓越性──我つながる、ゆえに我考える
第8章　説得の地理学──すべての正しい場所、すべての正しい痕跡
第9章　下準備（プリ・スエージョン）の仕組み──原因、制限、修正手段
第10章　変化に至る六本の主要道路──賢い近道という広々とした大通り
第11章　まとまり──その1：一緒に存在すること
第12章　まとまり──その2：一緒に活動すること
第13章　倫理的な使用──下準備（プリ・スエージョン）の前に考慮すべきこと
第14章　説得の後（ポスト・スエージョン）──後に残る効果

四六判上製　定価（本体2700円＋税）

影響力の武器［第三版］
なぜ、人は動かされるのか

ロバート・B・チャルディーニ 著
社会行動研究会 訳

社会で騙されたり丸め込まれたりしないために、私たちはどう身を守れば良いのか？　ずるい相手が仕掛けてくる"弱味を突く戦略"の神髄をユーモラスに描いた、世界でロングセラーを続ける心理学書。待望の第三版は新訳でより一層読みやすくなった。楽しく読めるマンガを追加し、参考事例も大幅に増量。ネット時代の密かな広告戦略や学校無差別テロの原因など、社会を動かす力の秘密も体系的に理解できる。

目次
第1章　影響力の武器
第2章　返報性──昔からある「ギブ・アンド・テーク」だが……
第3章　コミットメントと一貫性──心に住む小鬼
第4章　社会的証明──真実は私たち
第5章　好意──優しそうな顔をした泥棒
第6章　権威──導かれる服従
第7章　希少性──わずかなものについての法則
第8章　手っとり早い影響力──自動化された時代の原始的な承諾

四六判上製　定価（本体2700円＋税）